教育部高职高专规划教材

建 筑 制 图 习 题 集

钱可强　危道军　主　编

钟　建　马然芝　副主编

陈锦昌　　　主　审

化学工业出版社

教·材出版中心

·北　京·

图书在版编目（CIP）数据

建筑制图习题集/钱可强，危道军主编．北京：化学
工业出版社，2002.8（2023.8重印）
教育部高职高专规划教材
ISBN 978-7-5025-3937-5

Ⅰ．建筑…　Ⅱ．①钱…②危…　Ⅲ．建筑制图-高等
学校：技术学校-习题　Ⅳ．TU204-44

中国版本图书馆 CIP 数据核字（2002）第 050363 号

责任编辑：张建茹　潘新文　　　　　　　　封面设计：郑小红
责任校对：郑　捷

出版发行：化学工业出版社 教材出版中心（北京市东城区青年湖南街 13 号　邮政编码 100011）
印　　装：三河市延风印装有限公司
787mm×1092mm　1/16　印张 10¼　字数 124 千字　　2023 年 8 月北京第 1 版第 17 次印刷

购书咨询：010-64518888　　　　　　　售后服务：010-64518899
网　　址：http://www.cip.com.cn
凡购买本书，如有缺损质量问题，本社销售中心负责调换。

定　　价：25.00 元

出 版 说 明

　　高职高专教材建设工作是整个高职高专教学工作中的重要组成部分。改革开放以来，在各级教育行政部门、有关学校和出版社的共同努力下，各地先后出版了一些高职高专教育教材。但从整体上看，具有高职高专教育特色的教材极其匮乏，不少院校尚在借用本科或中专教材，教材建设落后于高职高专教育的发展需要。为此，1999 年教育部组织制定了《高职高专教育专门课课程基本要求》（以下简称《基本要求》）和《高职高专教育专业人才培养目标及规格》（以下简称《培养规格》），通过推荐、招标及遴选，组织了一批学术水平高、教学经验丰富、实践能力强的教师，成立了"教育部高职高专规划教材"编写队伍，并在有关出版社的积极配合下，推出一批"教育部高职高专规划教材"。

　　"教育部高职高专规划教材"计划出版 500 种，用 5 年左右时间完成。这 500 种教材中，专门课（专业基础课、专业理论与专业能力课）教材将占很高的比例。专门课教材建设在很大程度上影响着高职高专教学质量。专门课教材是按照《培养规格》的要求，在对有关专业的人才培养模式和教学内容体系改革进行充分调查研究和论证的基础上，充分吸取高职、高专和成人高等学校在探索培养技术应用性专门人才方面取得的成功经验和教学成果编写而成的。这套教材充分体现了高等职业教育的应用特色和能力本位，调整了新世纪人才必须具备的文化基础和技术基础，突出了人才的创新素质和创新能力的培养。在有关课程开发委员会组织下，专门课教材建设得到了举办高职高专教育的广大院校的积极支持。我们计划先用 2~3 年的时间，在继承原有高职高专和成人高等学校教材建设成果的基础上，充分汲取近几年来各类学校在探索培养技术应用性专门人才方面取得的成功经验，解决新形势下高职高专教育教材的有无问题；然后再用 2~3 年的时间，在《新世纪高职高专教育人才培养模式和教学内容体系改革与建设项目计划》立项研究的基础上，通过研究、改革和建设，推出一大批教育部高职高专规划教材，从而形成优化配套的高职高专教育教材体系。

　　本套教材适用于各级各类举办高职高专教育的院校使用。希望各用书学校积极选用这批经过系统论证、严格审查、正式出版的规划教材，并组织本校教师以对事业的责任感对教材教学开展研究工作，不断推动规划教材建设工作的发展与提高。

教育部高等教育司

目　　　录

1-1　字体练习（一）

0123456789

0123456789

ABCDEFGHIJKLMNOPQRSTUVWXYZ

三二引乙以兑习讠刀乚廴K1弓土千大七

化孔戈长逐忘务同写区因好说允沉限

大学院校系专业班级制描图审核序号名称材料件数备

班级　姓名

1

abcdefghijklmnopqrstuvwxyz

ⅠⅡⅢⅣⅤⅥⅦⅩⅩ

αβγδθφμπσφ Φ

设计平立侧主俯仰视向剖断面前后左右内外中高低

班级　　姓名

1-3　基本作图练习

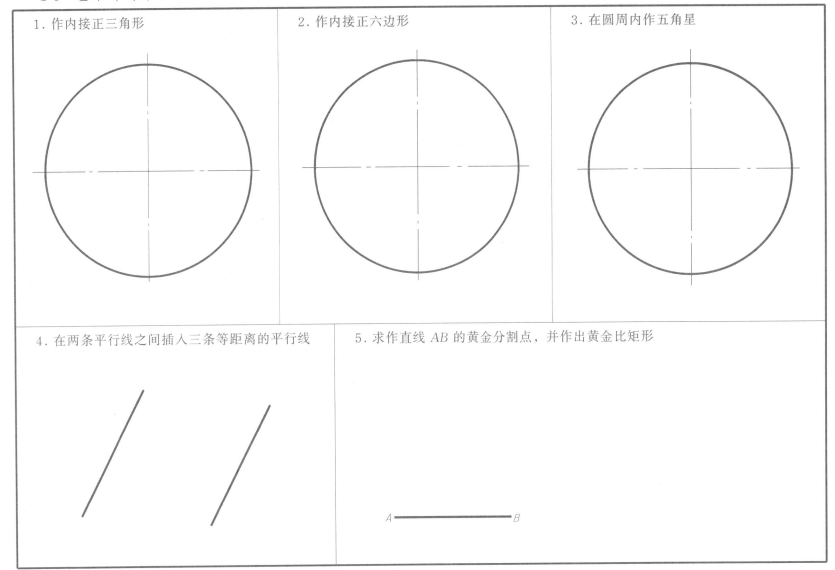

1. 作内接正三角形

2. 作内接正六边形

3. 在圆周内作五角星

4. 在两条平行线之间插入三条等距离的平行线

5. 求作直线 *AB* 的黄金分割点，并作出黄金比矩形

A ——————— *B*

班级　　　姓名

1-4 椭圆、圆弧连接

1. 用近似画法作椭圆（长轴 70，短轴 45）

2. 参照图例用给定的尺寸作圆弧连接

（1）

（2）

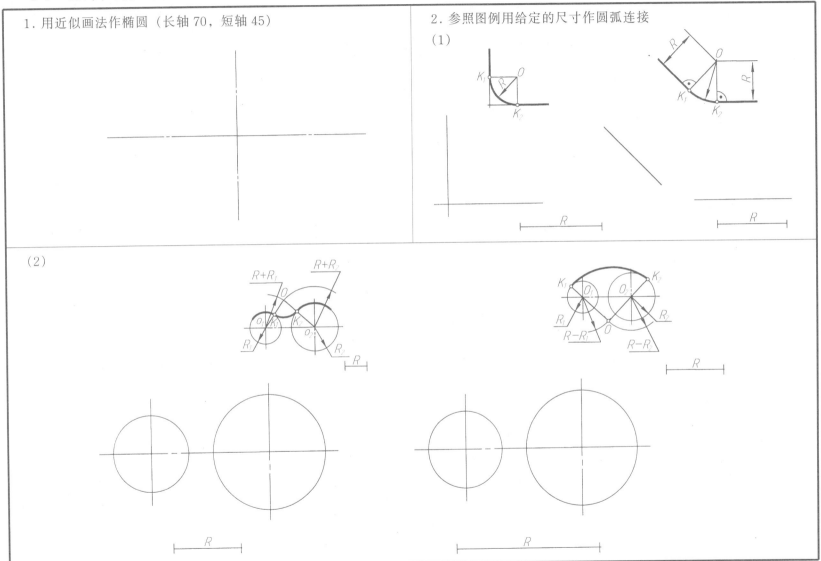

1. 将四个或五个圆排列组合成几个你所欣赏的图案（如奥迪汽车商标、奥运会会旗）

2. 将正方形等面积四等分，切开后重新排列组合新的图形。如图例所示，至少画出两组图形

班级　　　　姓名

一、目的、内容与要求

1. 目的、内容：初步了解国家标准《房屋建筑制图统一标准》等国家标准的有关内容，学会绘图仪器和工具的使用方法。抄画：（一）线型，不注尺寸；（二）零件轮廓，在两个分题中，任选一个并注尺寸。

2. 要求：图形正确，布置适当，线型合格，字体工整，尺寸齐全，符合国家标准，连接光滑，图面整洁。

二、图名、图幅、比例

1. 图名：基本练习

2. 图幅：A3 图纸（标题栏参照教材图 1-3）

3. 比例：1:1

三、步骤及注意事项

1. 绘图前应对所画图形仔细分析研究，以确定正确的作图步骤，特别要注意零件轮廓线上圆弧连接的各切点及圆心位置必须正确作出，在图面布置时，还应考虑预留标注尺寸的位置。

2. 线型：粗实线宽度为 0.7mm，虚线和细实线宽度约为粗实线的 1/2，虚线每一小段长度约 3~4mm，间隙约 1mm，点画线每段长 15~20mm，间隙及作为点的短画共约 3mm。

3. 字体：图中汉字均写长仿宋体书写，图中尺寸数字写 3.5 号字。

4. 箭头：宽约 0.7mm，长为宽的 4 倍左右（零件轮廓全部用箭头标注尺寸）。

5. 加深：完成底稿后，用铅笔加深。圆规的铅心应比画直线的铅笔软一号。在加深前，必须进行仔细校核。

（一）线型

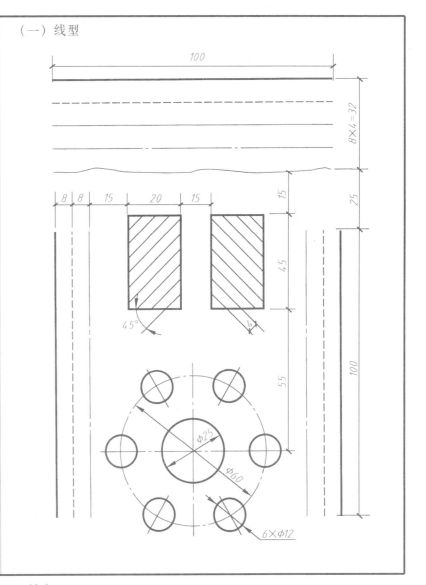

班级　　　姓名

1-6 （附页）

（二）零件轮廓

1. 挂轮架

2. 起重钩

班级　　　　姓名

第二章　正投影法基础

2-1　根据立体图找投影图

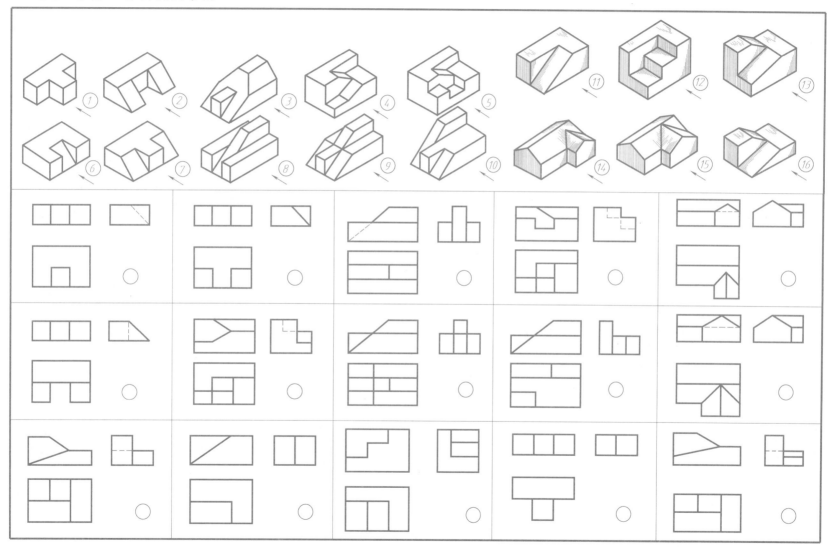

2-2 根据立体图画三面投影（尺寸从立体图上量取）

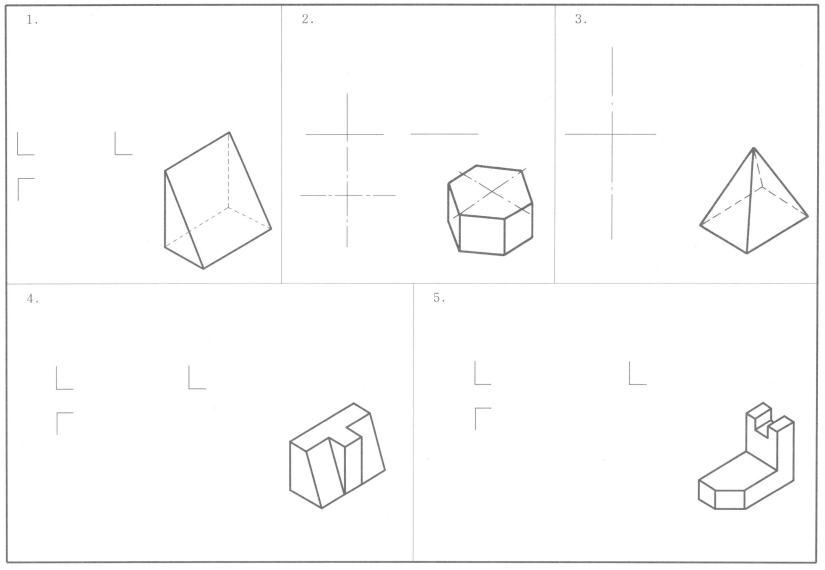

班级　　　姓名

9

2-3 参照立体图补画投影图中漏画的图线

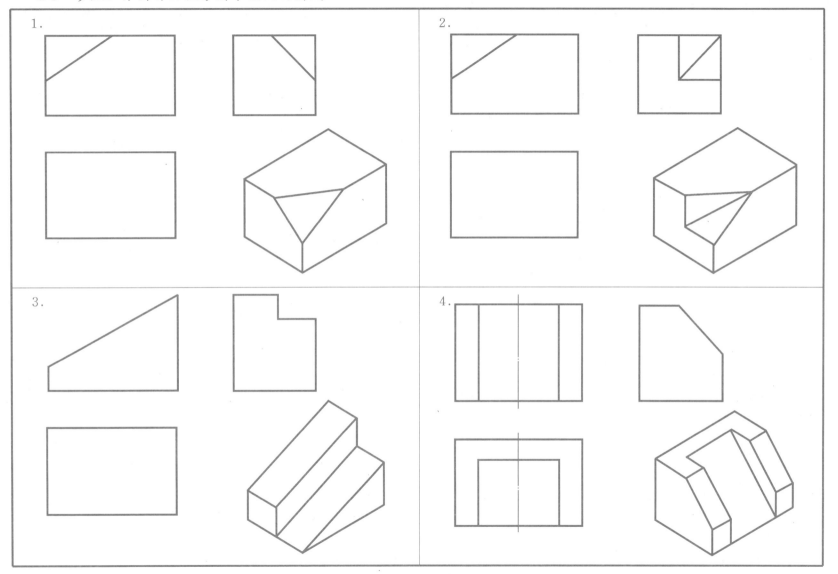

班级　　　姓名

1. 求作 A 点和 B 点的第三面投影

2. C 点与 W 面的距离为25，求 c′、c

3. 已知 D (25，10，15)，求 D 点的三面投影

4. 已知 E 点三面投影，F 点在 E 点左方15、前方10、下方12，求 F 点三面投影

5. 将房屋立体图上 A、B、C、D、E 诸点标注到投影图上的对应位置，并判别重影点可见性

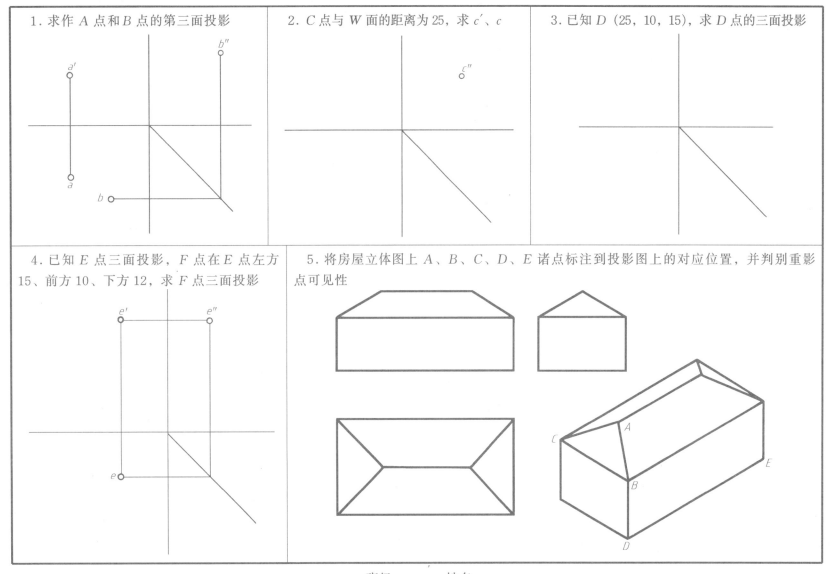

班级　　　　姓名

1.参照立体图，作出 A、B、C 的三面投影，并表明可见性

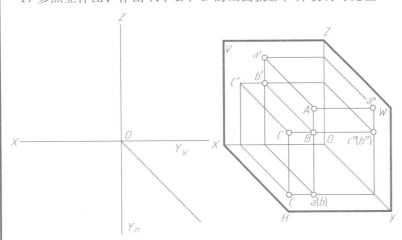

2.已知 A、B 的二面投影,求作第三投影,并判断两点的相对位置

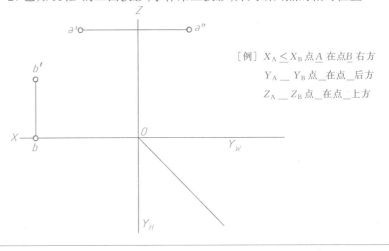

[例] $X_A \leq X_B$ 点 A 在点 B 右方

Y_A __ Y_B 点 __ 在点 __ 后方

Z_A __ Z_B 点 __ 在点 __ 上方

3.已知点 B 在点 A 的前方 5 个单位，点 D 在点 C 左方三个单位，点 E 在点 C 上方三个单位，求 B、D、E 的投影

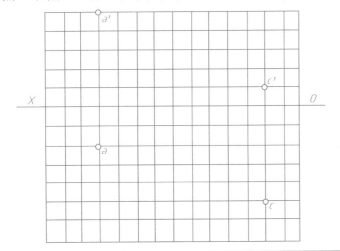

4.已知点 A 距 V 面 10 和 a′，点 B 距 V 面 20，距 H 面 10，且 A、B 两点的水平投影相距 30，求 a 及 b、b′

◦ a′

X ————————————————— O

班级　　　姓名

12

1. 过点 A 作铅垂线 AB = 15	2. 过点 C 作侧垂线 CD = 20	3. AB 为水平线，方向为向右、向前，长度为 25，与 V 面的倾角 $\beta = 30°$
4. CD 为侧平线，方向为向下、向前，长度为 20，$\alpha = \beta = 45°$	5. 已知直线 AB 和点 C、D 的两面投影，分别检验 C、D 是否在 AB 上	6. EF 为铅垂线，它到 V、W 面距离相等

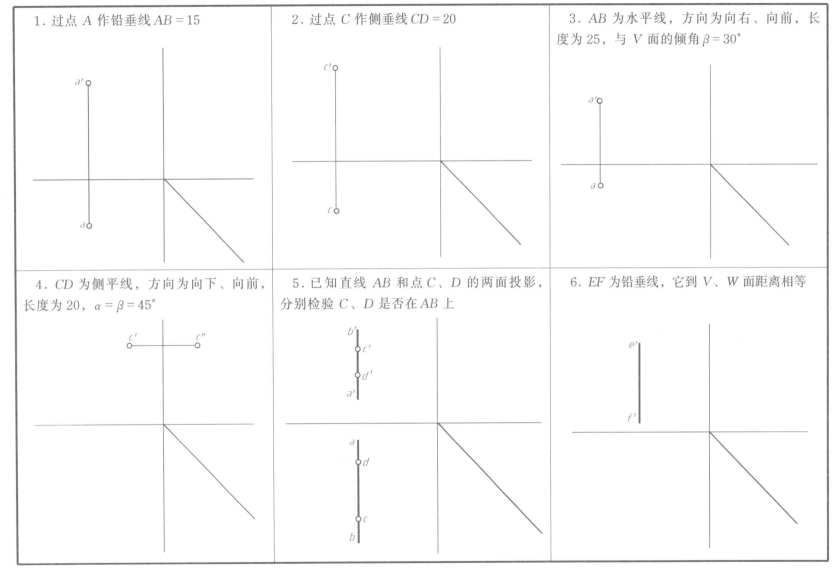

1. 正平线 AB，B 点在 A 点左下方的 H 面上，作 AB 的三面投影和立体图

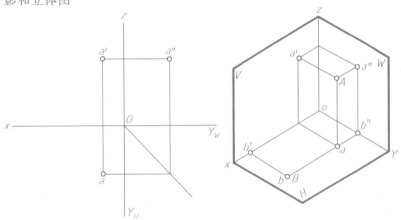

2. CD 为一般位置直线，D 点在 C 点左方20、后方10、上方15。作 CD 的三面投影和立体图

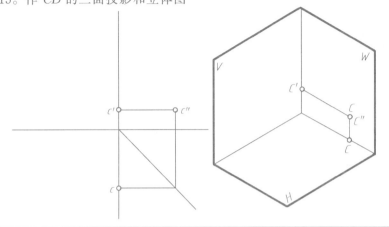

3. 参照立体图，补画三面投影中的漏线，标出字母，并填空

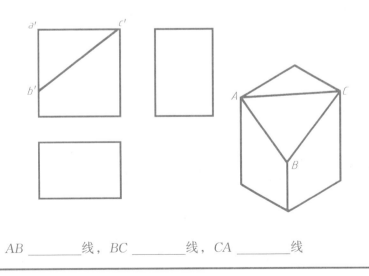

AB _____ 线，BC _____ 线，CA _____ 线

4. 求 S、A、B、C 各点的 W 面投影，并两两连成直线，填空

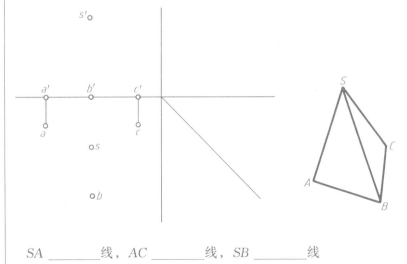

SA _____ 线，AC _____ 线，SB _____ 线

2-8 平面的投影 参照题1，注出直线 AB、CD 和平面 P、Q 的三面投影，并根据它们对投影面的相对位置填空

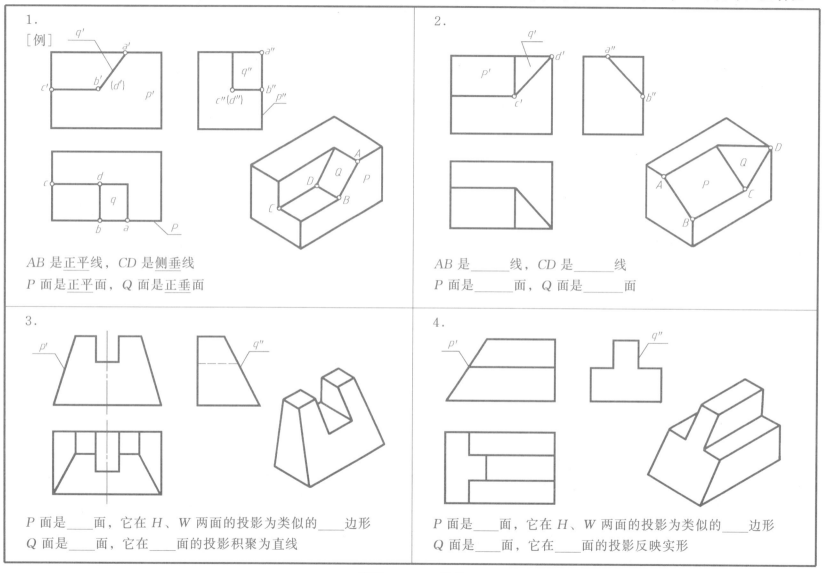

1.

[例]

AB 是 正平线，CD 是 侧垂线

P 面是 正平面，Q 面是 正垂面

2.

AB 是 _____ 线，CD 是 _____ 线

P 面是 _____ 面，Q 面是 _____ 面

3.

P 面是 _____ 面，它在 H、W 两面的投影为类似的 _____ 边形

Q 面是 _____ 面，它在 _____ 面的投影积聚为直线

4.

P 面是 _____ 面，它在 H、W 两面的投影为类似的 _____ 边形

Q 面是 _____ 面，它在 _____ 面的投影反映实形

班级　　　　姓名

15

2-9 平面的投影

1. 已知平面的 H、V 投影，求 W 投影 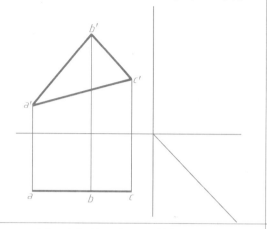	2. 包含直线 AB 作等边三角形 ABC 平行 H 面 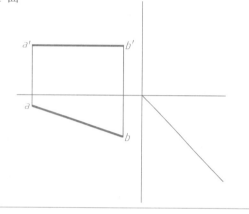	3. 以 AC 为对角线作正方形垂直 V 面 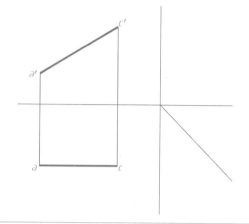

4. 已知正方形一边 AB 的投影，$\alpha = 30°$，作正方形的 H、V 投影

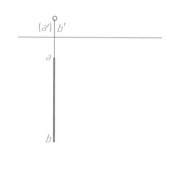

5. 参照立体图，看懂投影图，回答问题填空

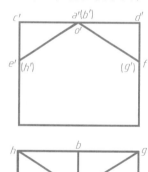

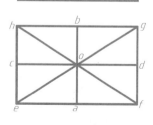

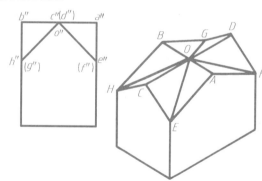

屋顶部分共有____个面组成。

其中：正垂线是____，侧垂线是____。

一般位置线是____、____、____、____。

正垂面是____、____、____、____。

侧垂面是____、____、____、____。

班级　　　　姓名

2-10 用旋转法和换面法求直线的实长和平面的实形

| 1.用旋转法求直线 AB 的实长和倾角β | 2.用换面法求直线 CD 的实长和倾角α | 3.已知直线 EF 的实长为32，求 e′ |

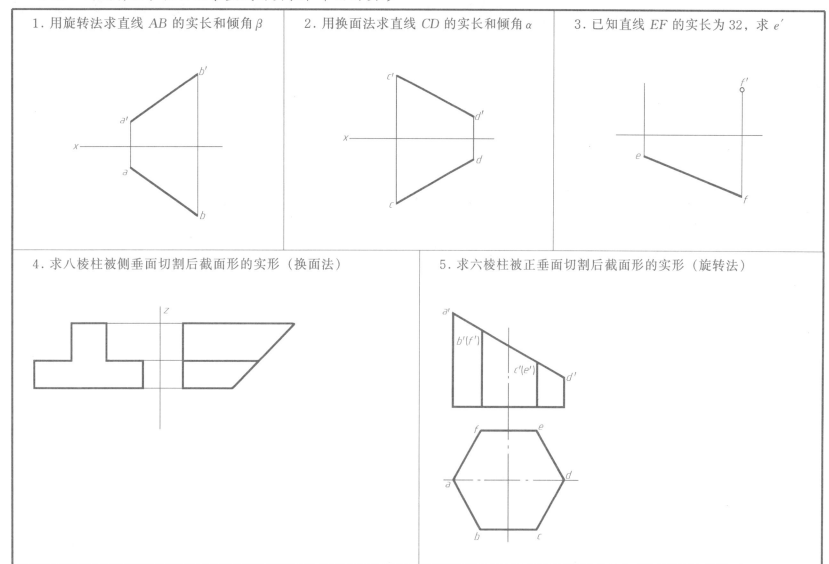

4.求八棱柱被侧垂面切割后截面形的实形（换面法）

5.求六棱柱被正垂面切割后截面形的实形（旋转法）

17

2-11 补画立体的第三视图，并作出立体表面上各点的三面投影

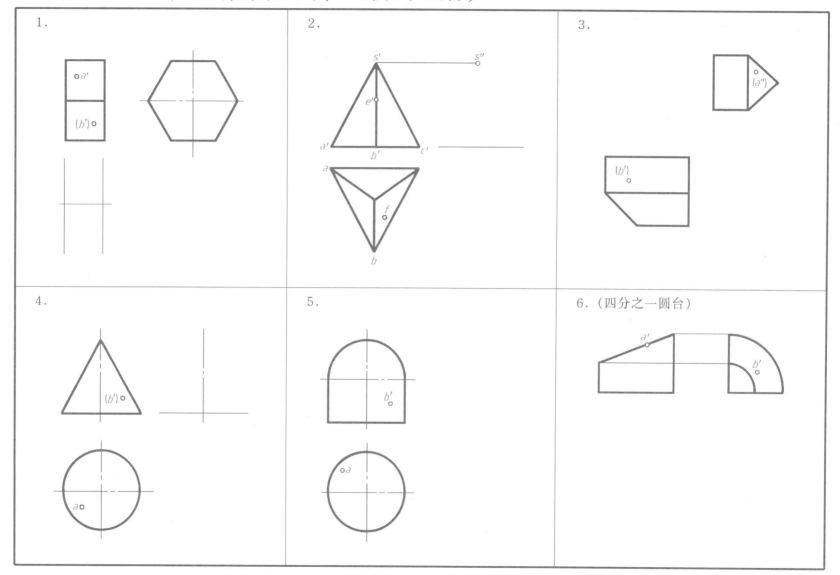

2-12 根据给出的立体图，完成三面投影（尺寸从立体图中量取）

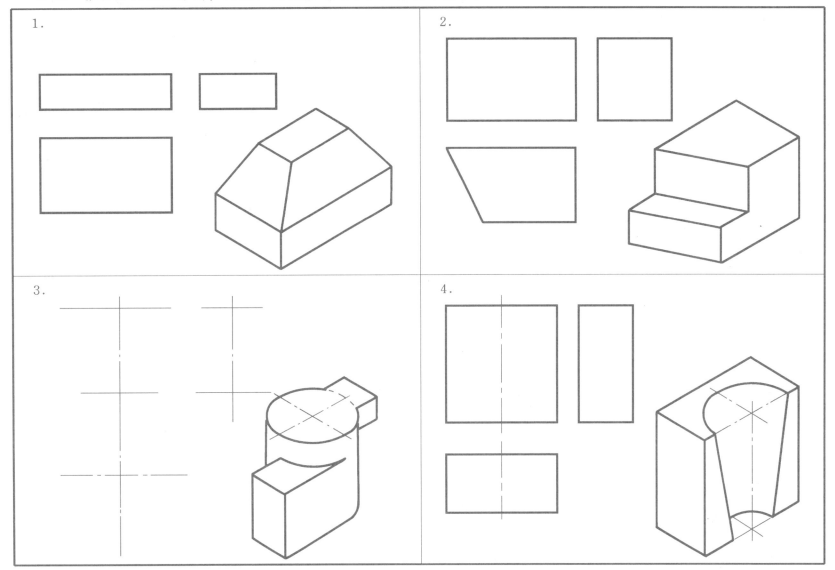

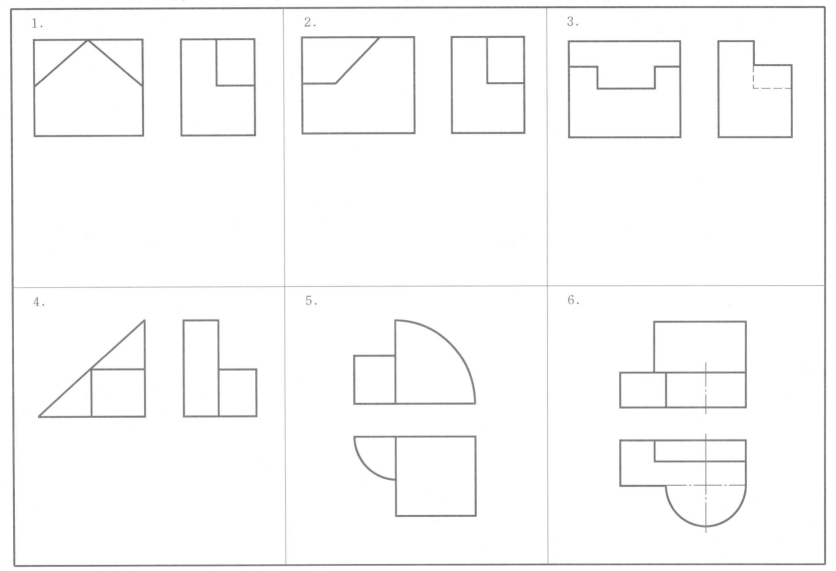

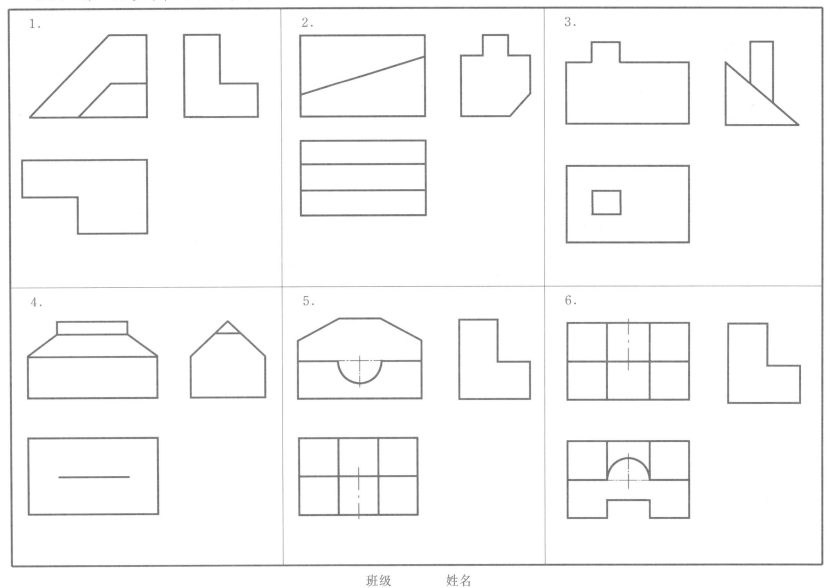

2-15 根据给出的两投影补画另一投影（1～4）、补画正面投影中的漏线（5、6）

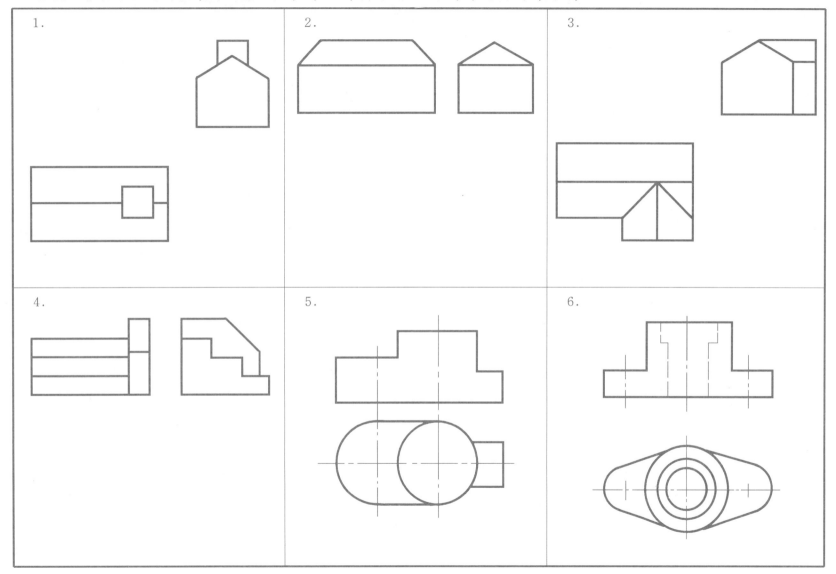

1. 根据立体图画房屋形体的三面投影（尺寸从立体图中量取）

2. 根据给定的正面、水平投影，补画侧面投影

3. 根据给定的正面、侧面投影，补画水平投影

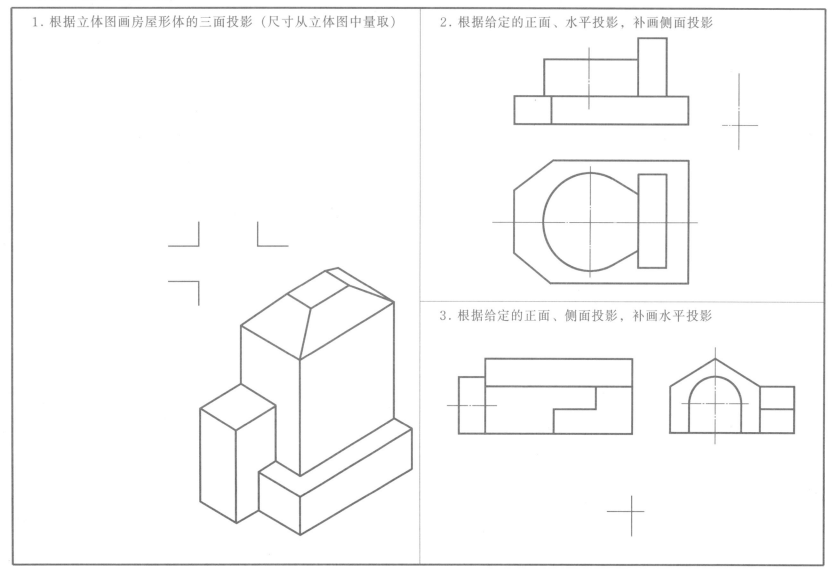

班级　　　　姓名

23

2-17 组合形体（2）

1.根据立体图画房屋形体的三面投影（尺寸从立体图中量取）	2.根据给定的正面、水平投影，补画侧面投影

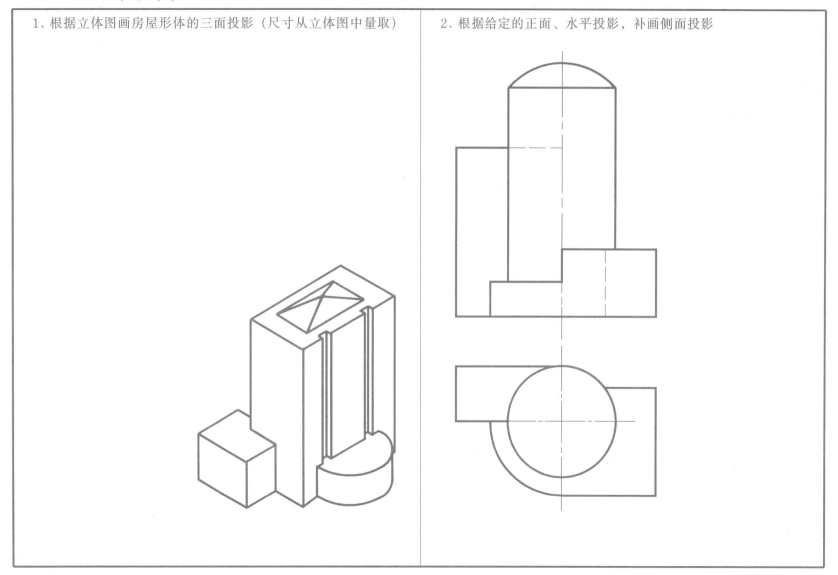

班级　　　姓名

1. 选择若干方形、三角形或圆（大小、数量不限）组成三面投影，构成一个组合形体。至少画出两个（只画三面投影，不画立体图）。

［例］

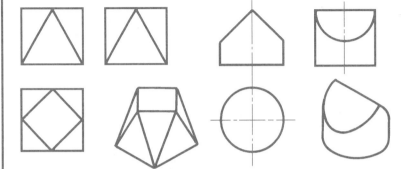

2. 选择若干基本形体，大小、数量不限，构思设计两种以上不同形状的组合形体，画出三面投影。

班级　　　　姓名

2-19 根据给定的正面和水平投影，补画侧面投影（有多种答案，至少画出两个）

1.

2.

3.

4.

班级　　姓名

构型设计作业（A3图纸）
　以若干基本形体构成一个建筑形体（如参考图例），组合形式不
限。画出三面投影。

[例]

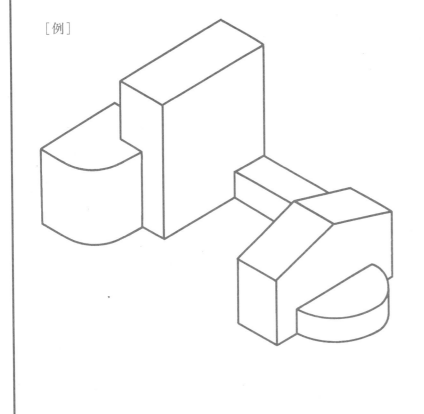

[例]

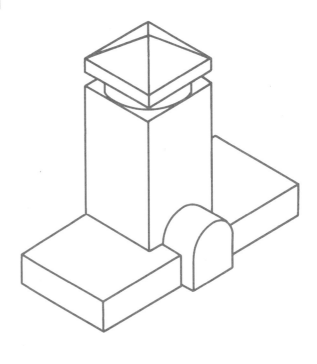

班级　　　　姓名

第三章 建筑形体表面交线

3-1 根据给定的两投影，补画第三投影

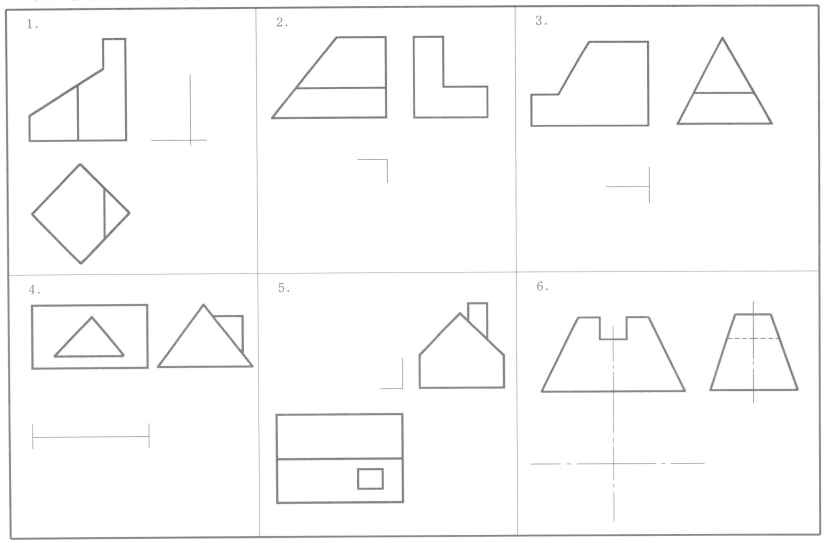

3-2 补画投影图中漏画的图线

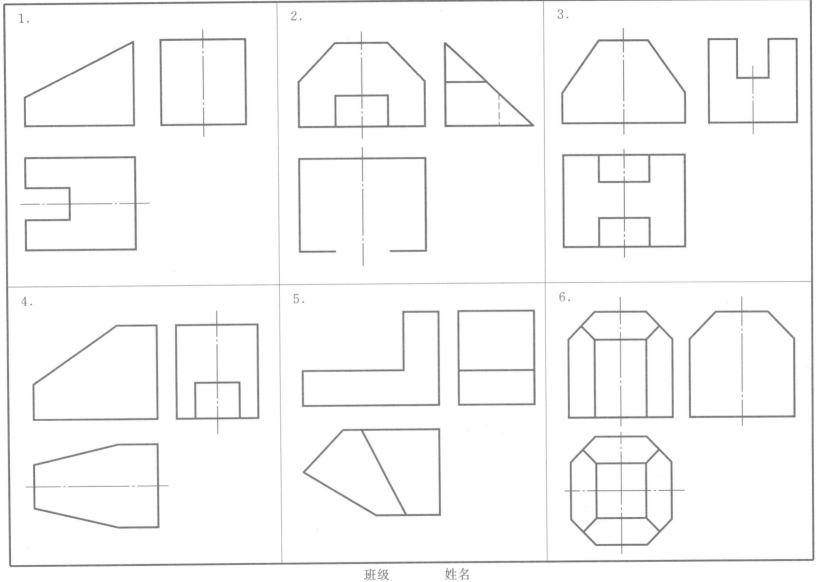

3-3　1~4根据给定的水平投影，构思设计画出正面投影（至少两种）。5、6根据立体图画三面投影

1.

2.

3.

4.

5.

6.

班级　　　　姓名

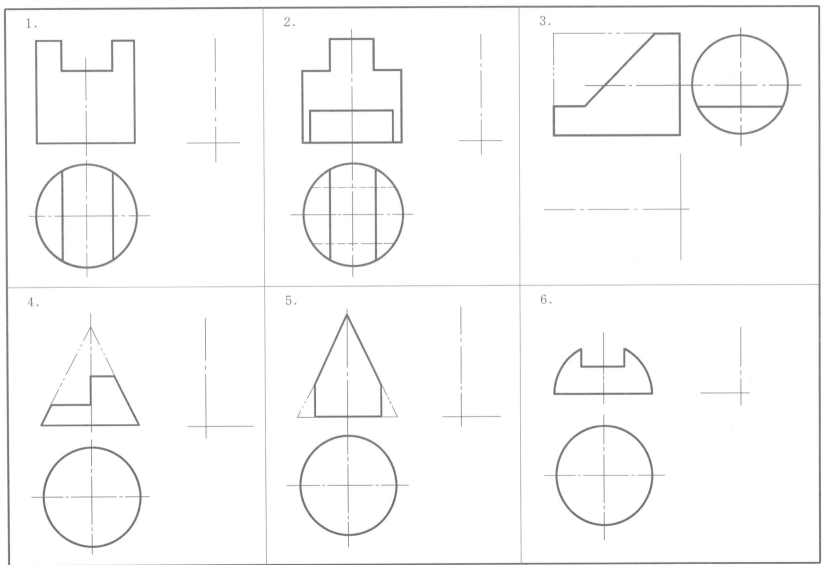

班级　　　　姓名

3-5 平面与曲面体的交线

1. 求作球壳表面的正面投影

2. 求作圆柱截交线的水平、侧面投影

3. 板上有圆孔、方孔、三角形孔。要求构思一个形体能分别通过三个孔，画出该形体的三面投影（尺寸从图中量取）

4. 根据给定的水平投影，构思一个形体（不是圆柱和四棱柱的简单单叠合），补画该形体的二面投影

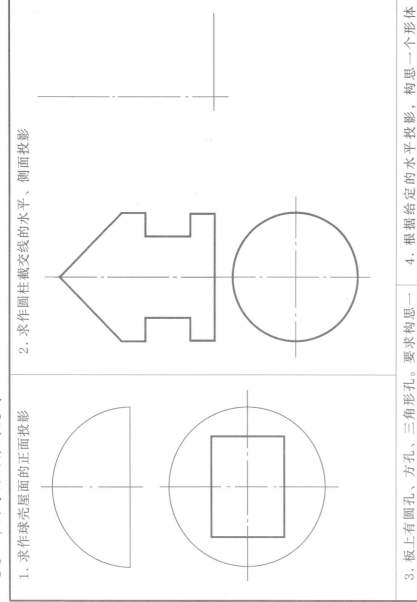

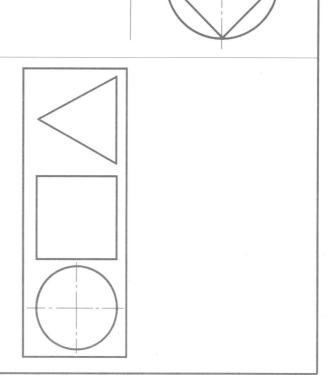

1.求作屋面交线的水平投影

2.求作榫头的水平投影

3.求作四棱锥与四棱柱的表面交线

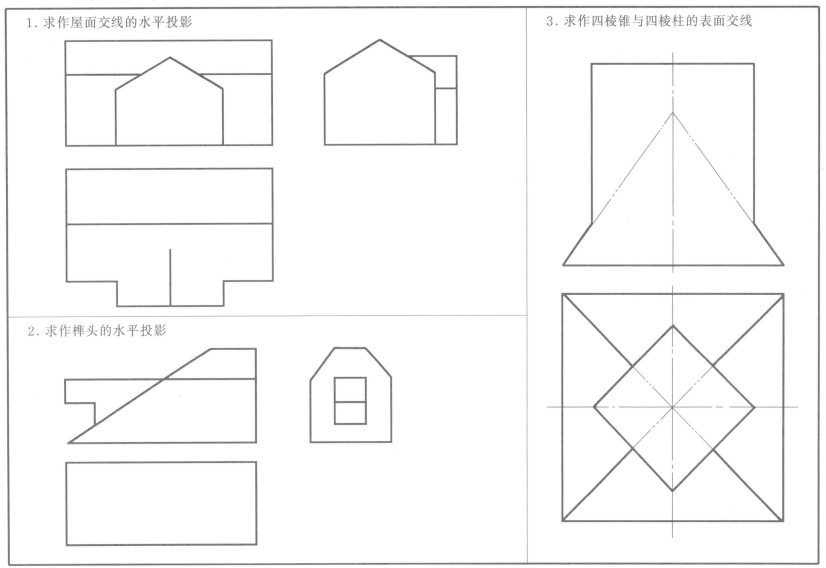

班级　　　姓名

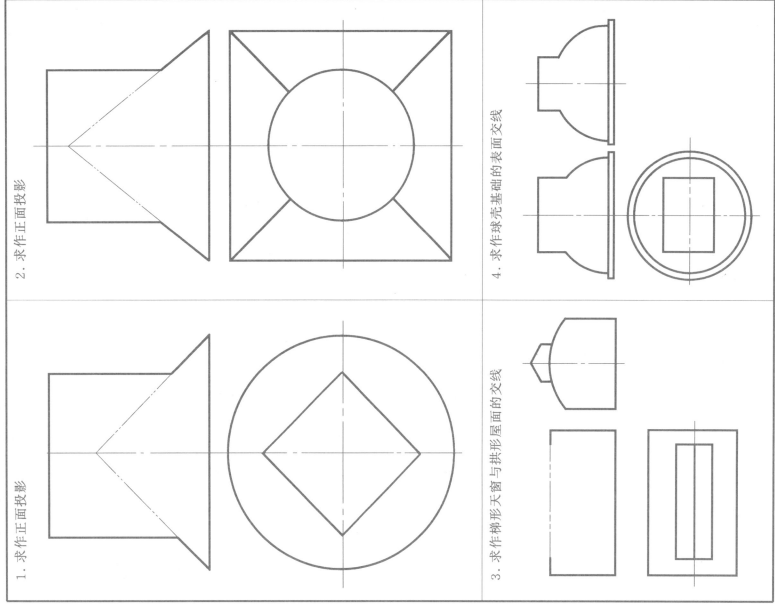

3-7 平面体与曲面体的表面交线

1. 求作正面投影

2. 求作正面投影

3. 求作梯形天窗与拱形屋面的交线

4. 求作球壳基础的表面交线

班级　　　　姓名

3-8 分析两曲面体表面交线，补全立体相贯或穿孔后的投影

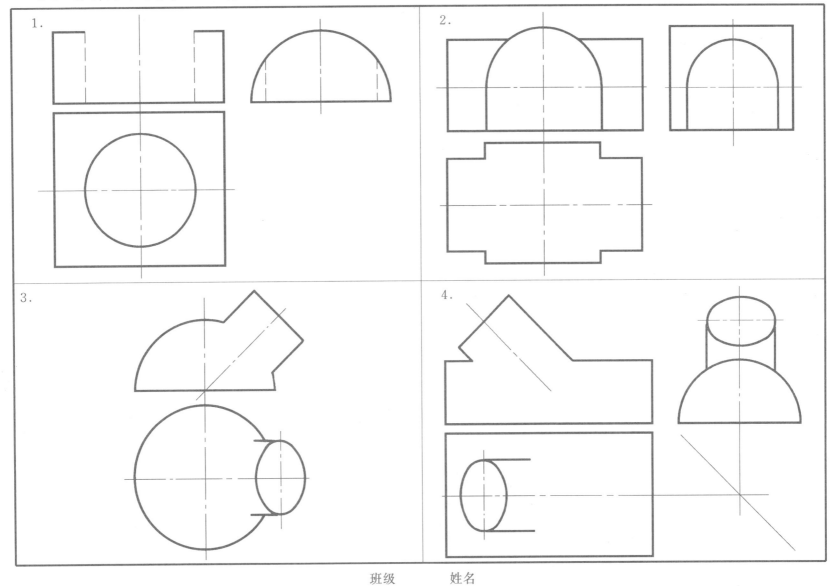

班级　　　姓名

3-9 分析曲面体表面交线，补全立体相贯或穿孔后的投影

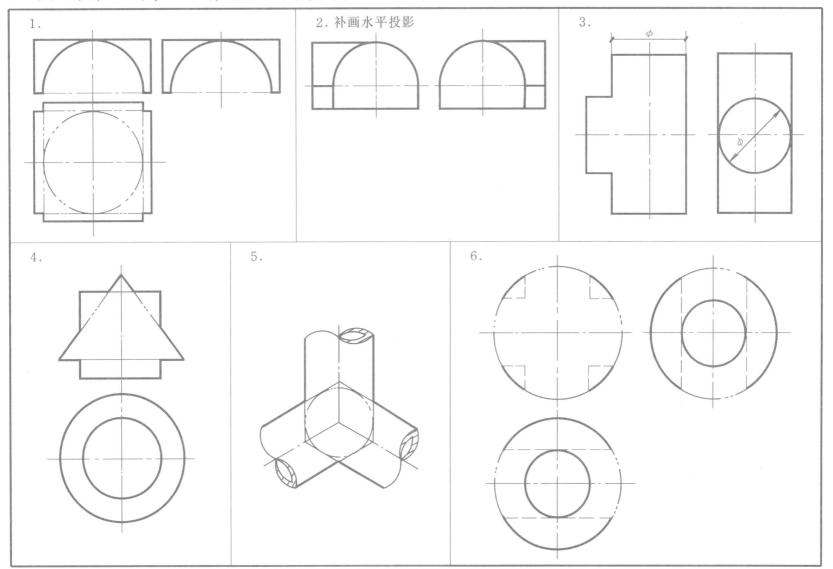

1.

2. 补画水平投影

3.

4.

5.

6.

班级　　　姓名

1. 已知四坡屋面的倾角 $\alpha = 30°$ 及屋檐线的水平投影，求作屋面交线的水平投影和屋面的正面投影

(1)

(2)

(3)

2. 求作屋面交线的水平投影

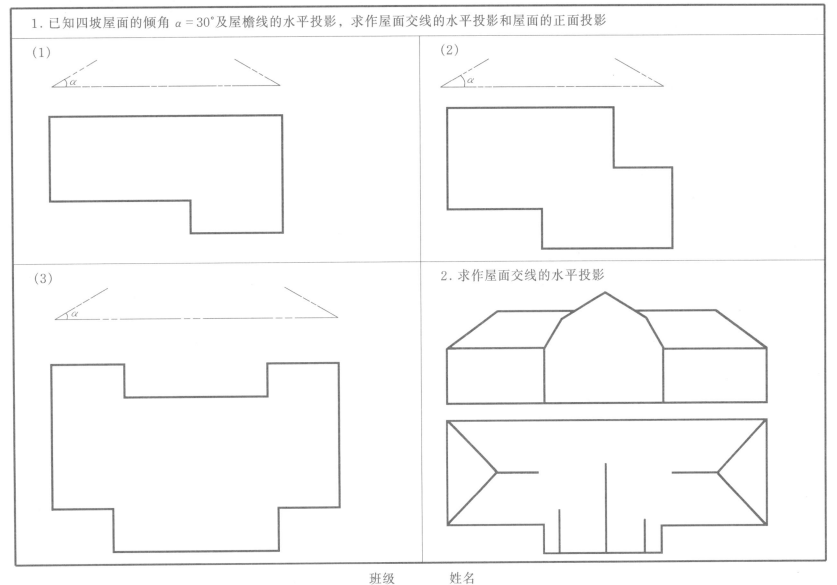

班级　　　　姓名

第四章 轴测图与透视图

4-1 根据正投影图，画出正等轴测图

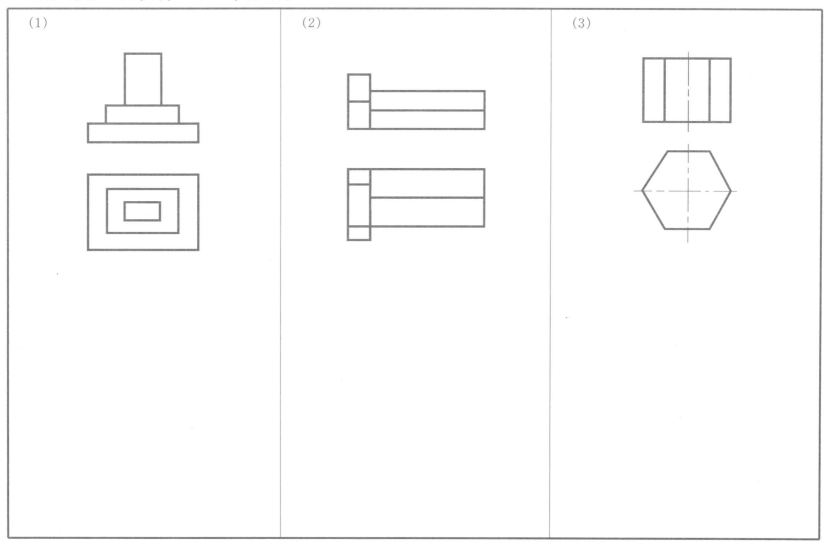

(1)

(2)

(3)

班级　　　姓名

4-2 根据正投影图，画出正等轴测图

1.作正等轴测图

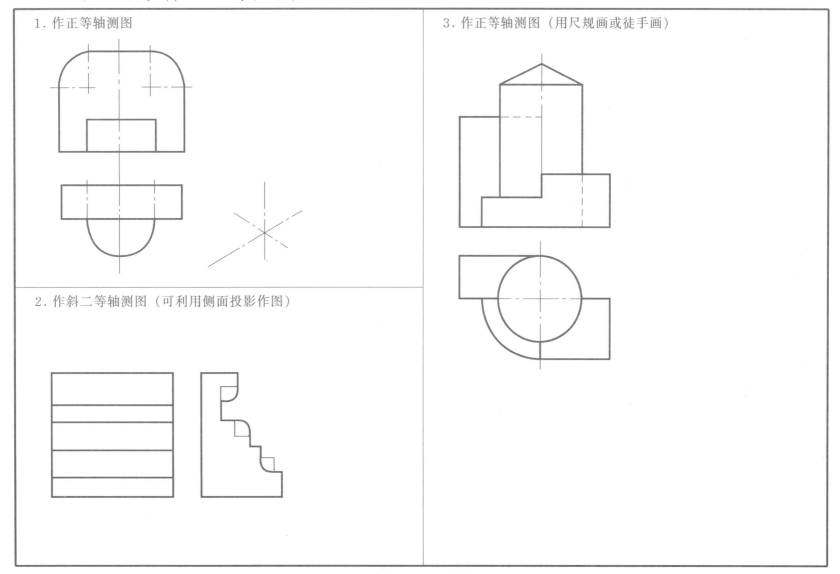

2.作斜二等轴测图（可利用侧面投影作图）

3.作正等轴测图（用尺规画或徒手画）

班级　　　　姓名

4-3 根据正投影图，画出斜轴测图

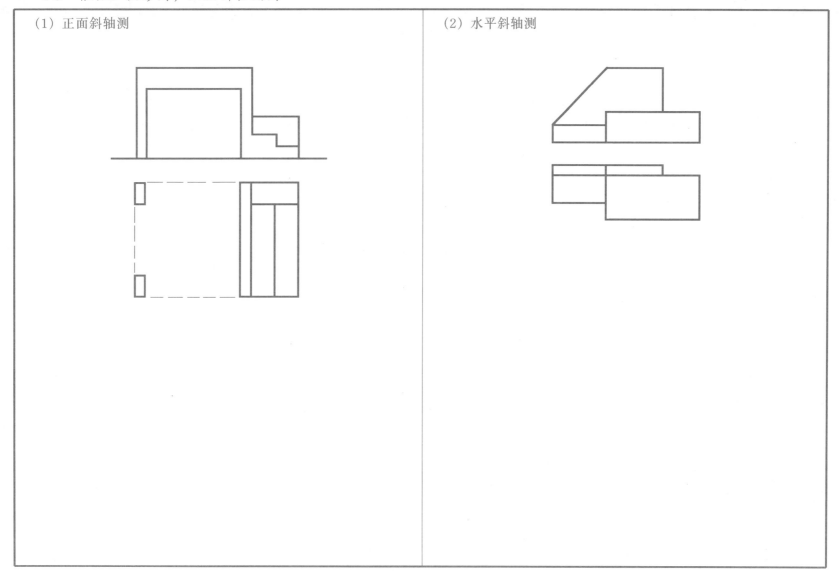

（1）正面斜轴测

（2）水平斜轴测

班级　　　　姓名

1. 作平面方格网在不同高度基面上的透视

2. 在 A、B、C、D 处作高度为 L 的直线

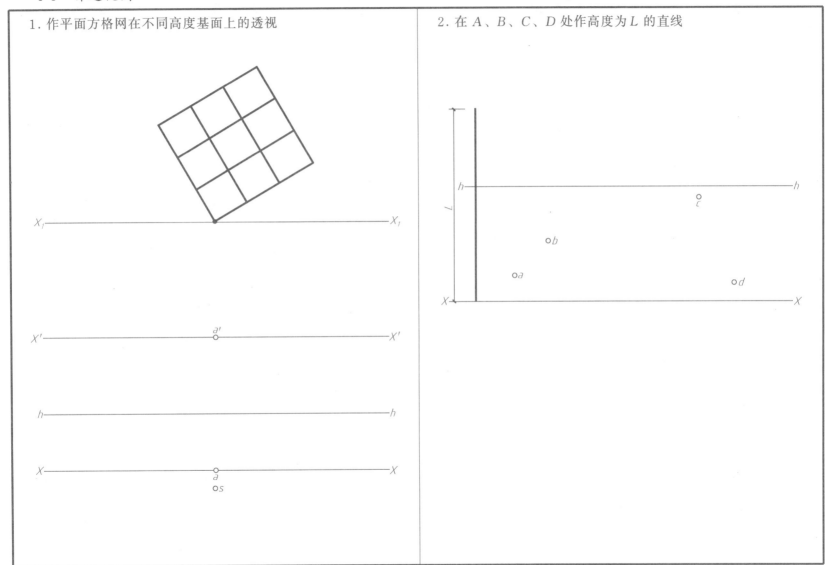

班级　　　　姓名

4-5 作建筑形体透视图

1. 作形体透视图

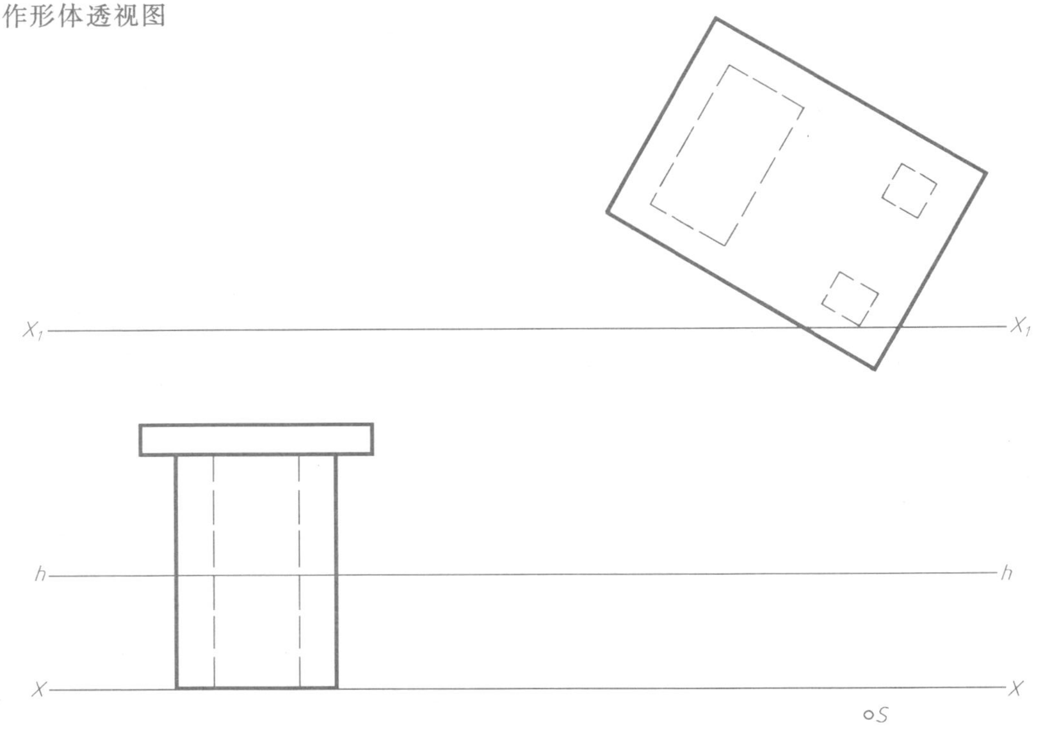

2. 作台阶的透视图

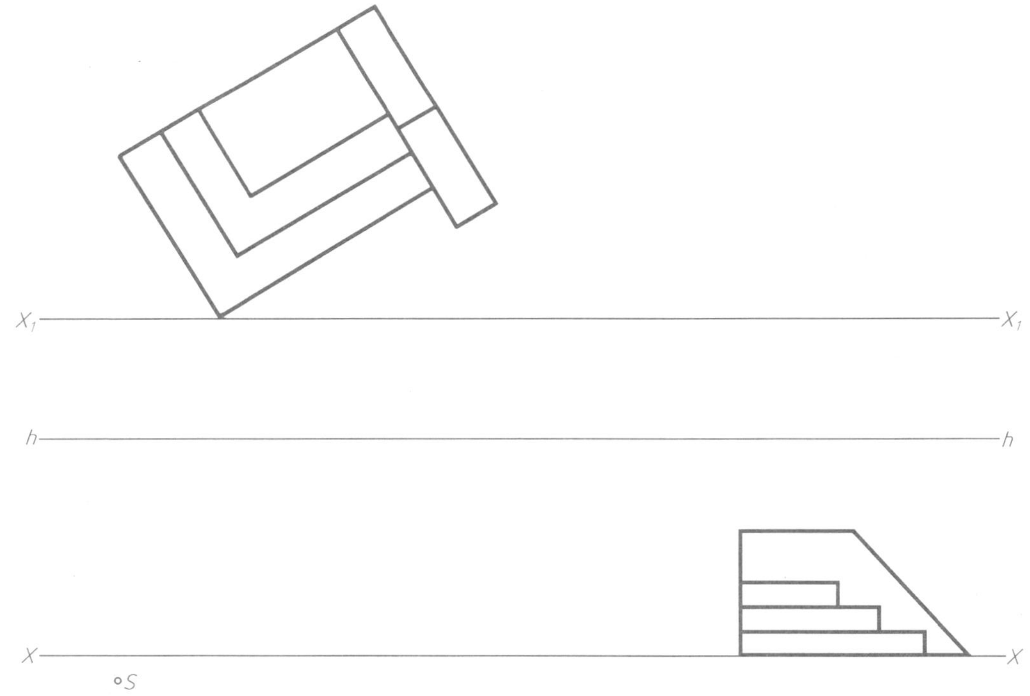

班级　　姓名

42

4-6 放大 1～2 倍，在图纸上作出透视图

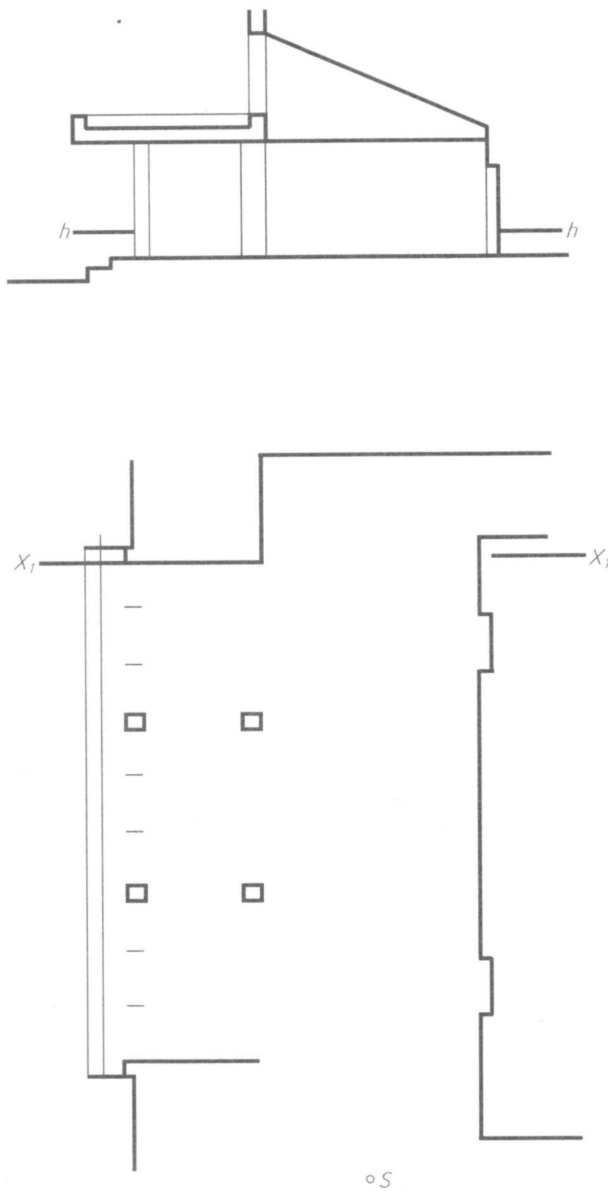

h

h

X_1

X_1

S_o

班级　姓名

43

第五章 建筑形体的表达方法

5-1 剖面（1）

1.画出下列花格（1）、（2）和空腹体（3）、（4）的剖面图

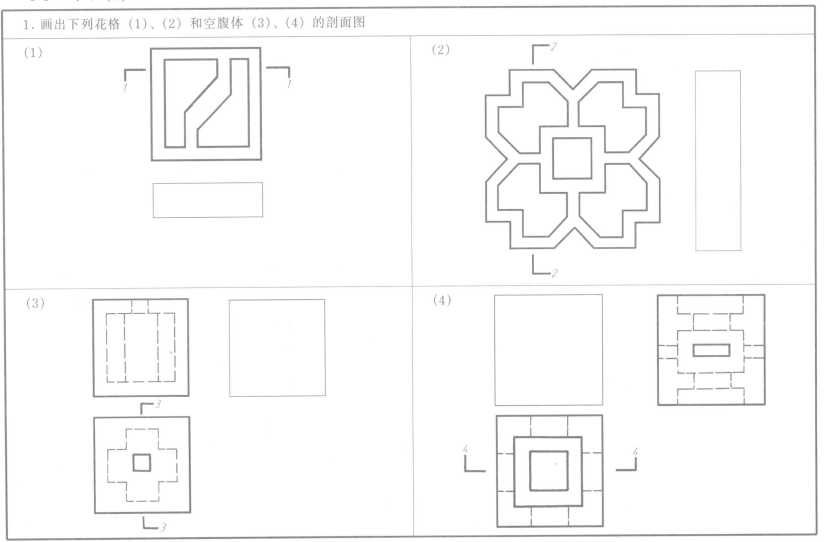

1. 改正 1—1 剖面和 2—2 剖面中的错误

2. 作门轴座的 1—1、2—2 剖面图

3. 作 2—2 剖面图

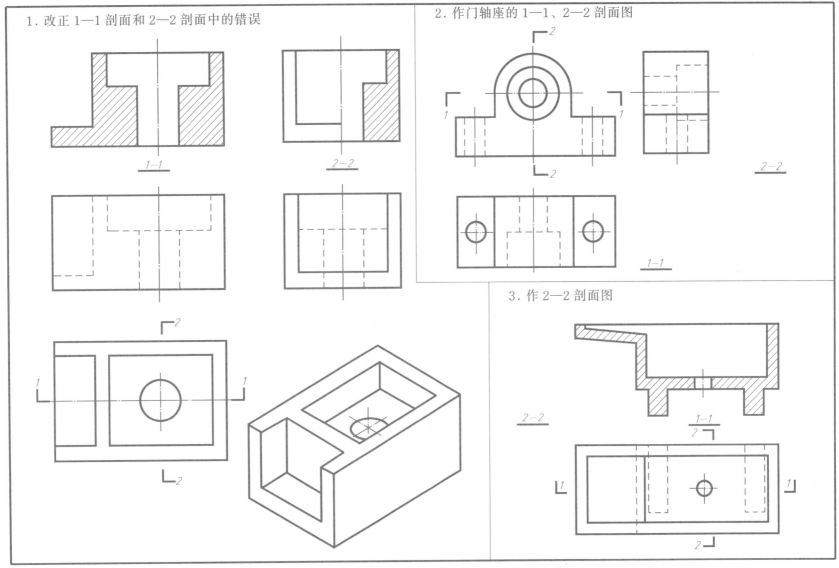

班级　　　姓名

5-3 剖面 (3)

2. 补绘 W 投影, 并以对称中心线为界, 将 W 投影改画成一半是表达内部形状的剖面图, 另一半是表达外形的视图

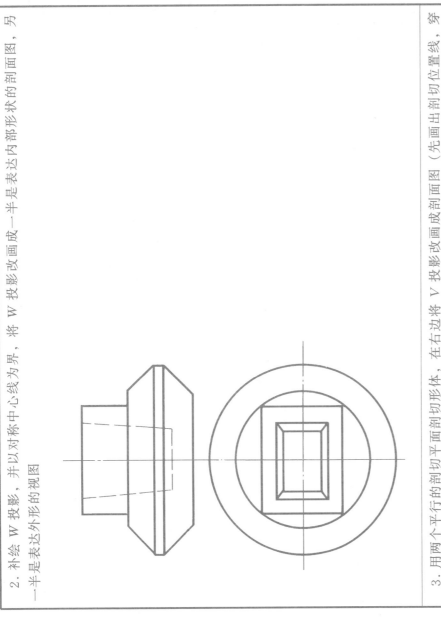

3. 用两个平行的剖切平面剖切形体, 在右边将 V 投影改画成剖面图 (先画出剖切位置线, 穿过两个孔槽)

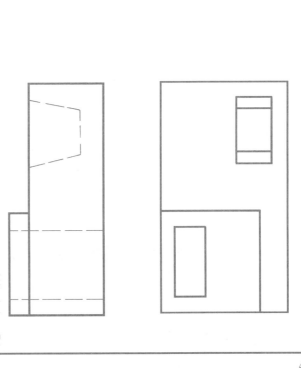

5-4 剖面 (4)

4. 作 1—1 剖面图

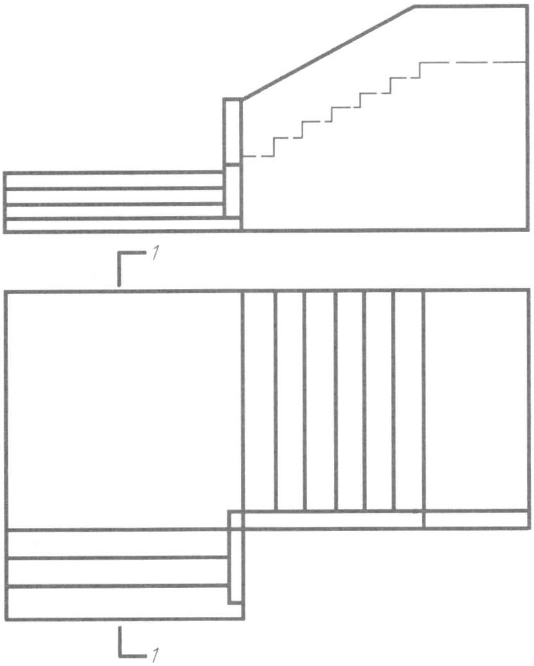

5. 补绘 W 投影，并将 W 投影改画成合适的剖面图

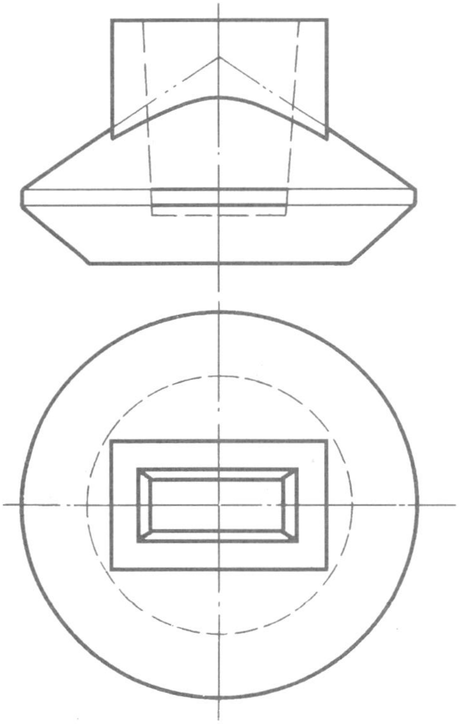

班级   姓名

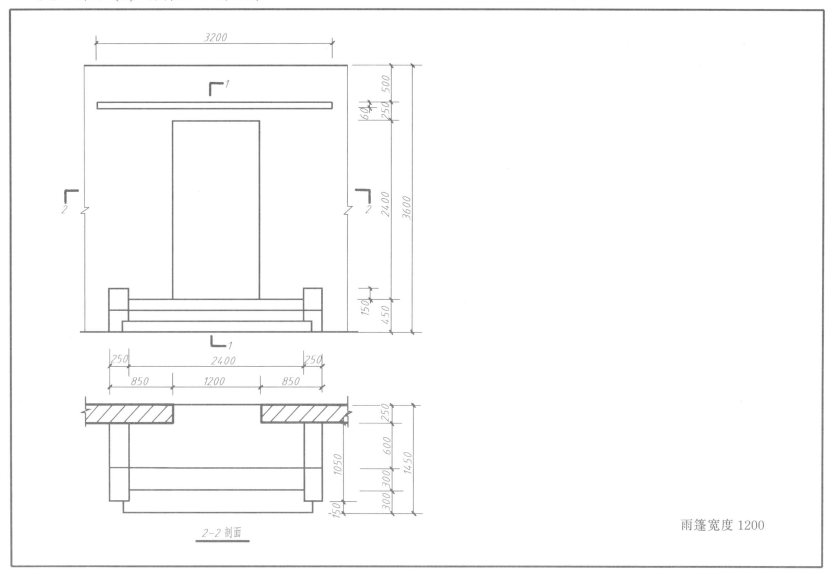

2—2 剖面

雨篷宽度 1200

班级　　　姓名

作檩条的 1—1、2—2、3—3、4—4 断面图

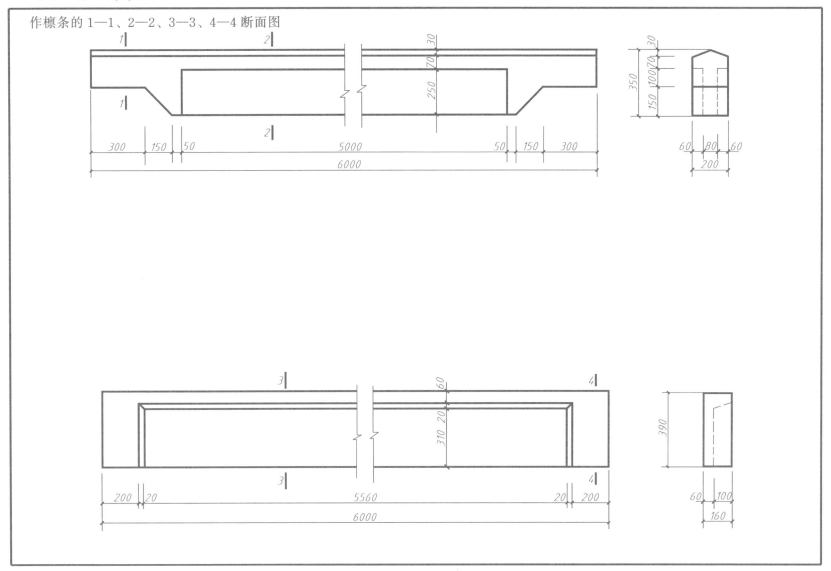

5-7 断面（2）

1.按图（a）的1—1移出断面，在图（b）中画出中断断面图；在图（c）中画出重合断面图。

2.作出1—1、2—2、3—3断面图

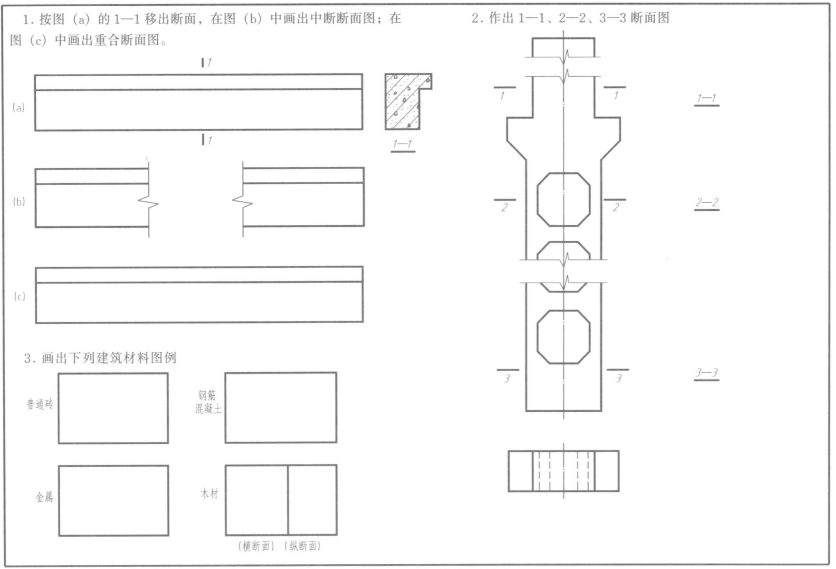

(a)

(b)

(c)

1—1

3. 画出下列建筑材料图例

普通砖

钢筋
混凝土

金属

木材

（横断面）（纵断面）

1—1

2—2

3—3

第六章 建筑施工图

6-1 房屋的基本表达形式

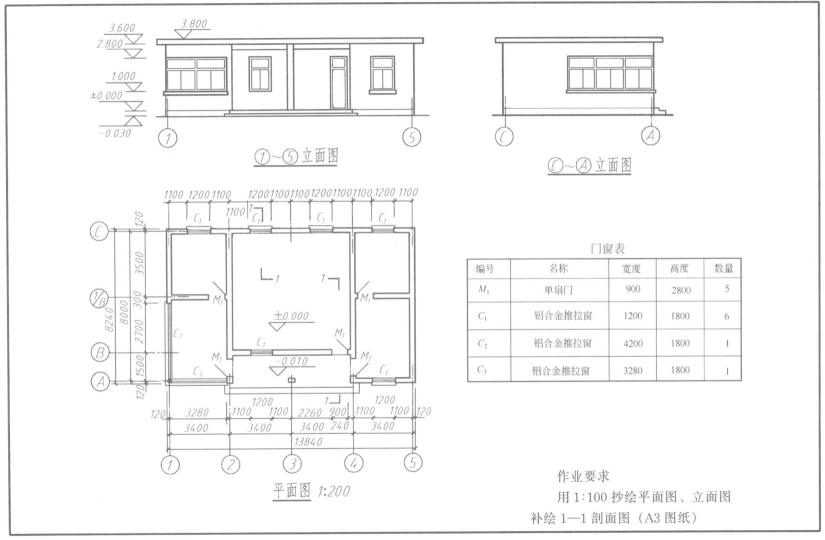

①~⑤立面图

⑥~④立面图

平面图 1:200

门窗表

编号	名称	宽度	高度	数量
M_1	单扇门	900	2800	5
C_1	铝合金推拉窗	1200	1800	6
C_2	铝合金推拉窗	4200	1800	1
C_3	铝合金推拉窗	3280	1800	1

作业要求

用 1:100 抄绘平面图、立面图

补绘 1—1 剖面图（A3 图纸）

班级　　　　姓名

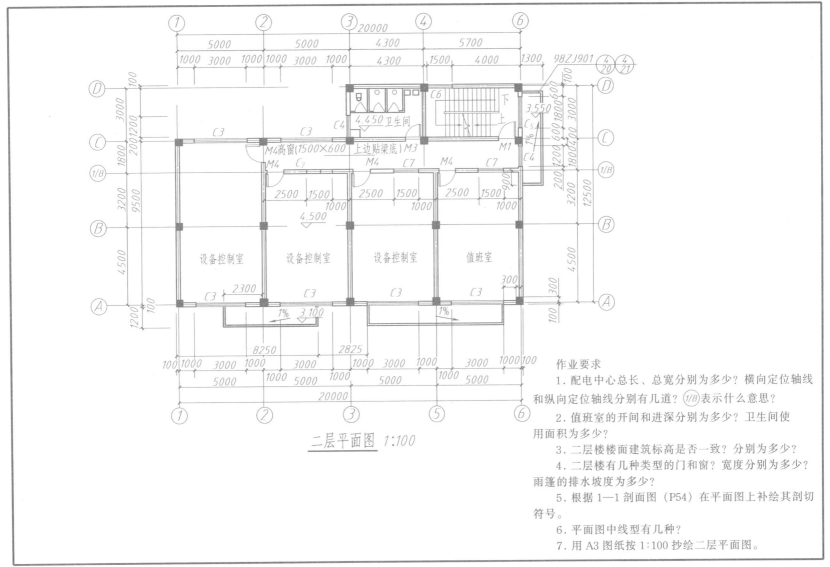

二层平面图 1:100

作业要求

1. 配电中心总长、总宽分别为多少？横向定位轴线和纵向定位轴线分别有几道？(1/B)表示什么意思？

2. 值班室的开间和进深分别为多少？卫生间使用面积为多少？

3. 二层楼楼面建筑标高是否一致？分别为多少？

4. 二层楼有几种类型的门和窗？宽度分别为多少？雨篷的排水坡度为多少？

5. 根据1—1剖面图（P54）在平面图上补绘其剖切符号。

6. 平面图中线型有几种？

7. 用A3图纸按1:100抄绘二层平面图。

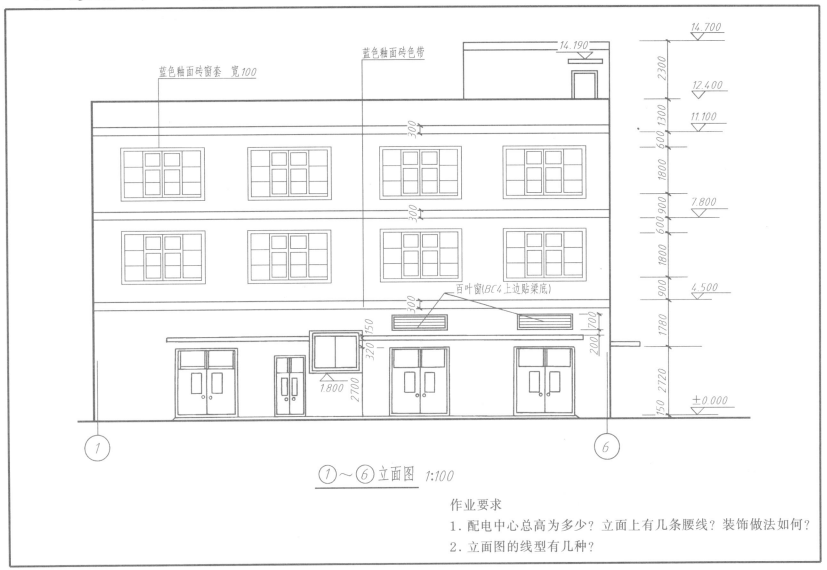

蓝色釉面砖色带

蓝色釉面砖窗套 宽100

百叶窗(BC4上边贴梁底)

14.700

14.190

12.400

11.100

7.800

4.500

±0.000

1.800

2700

①~⑥立面图 1:100

作业要求

1. 配电中心总高为多少？立面上有几条腰线？装饰做法如何？

2. 立面图的线型有几种？

班级　　姓名

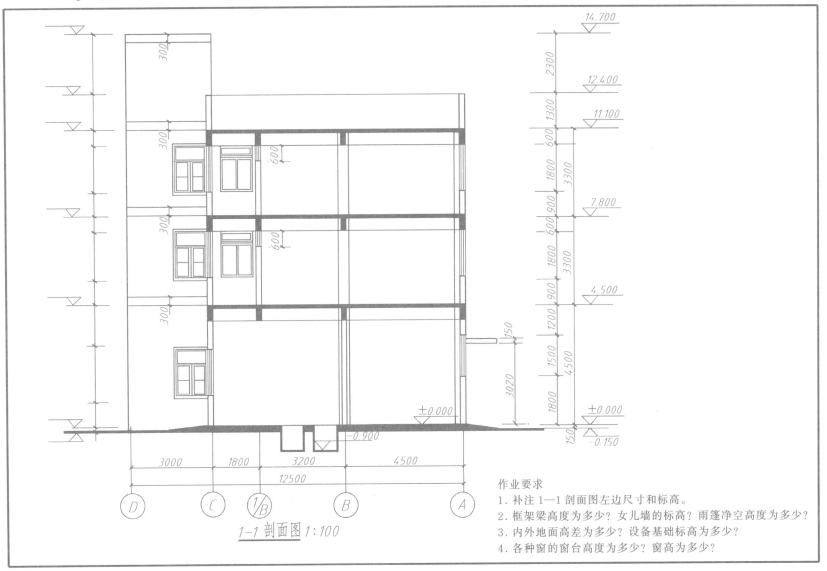

1—1剖面图 1:100

作业要求
1. 补注 1—1 剖面图左边尺寸和标高。
2. 框架梁高度为多少？女儿墙的标高？雨篷净空高度为多少？
3. 内外地面高差为多少？设备基础标高为多少？
4. 各种窗的窗台高度为多少？窗高为多少？

班级　　　姓名

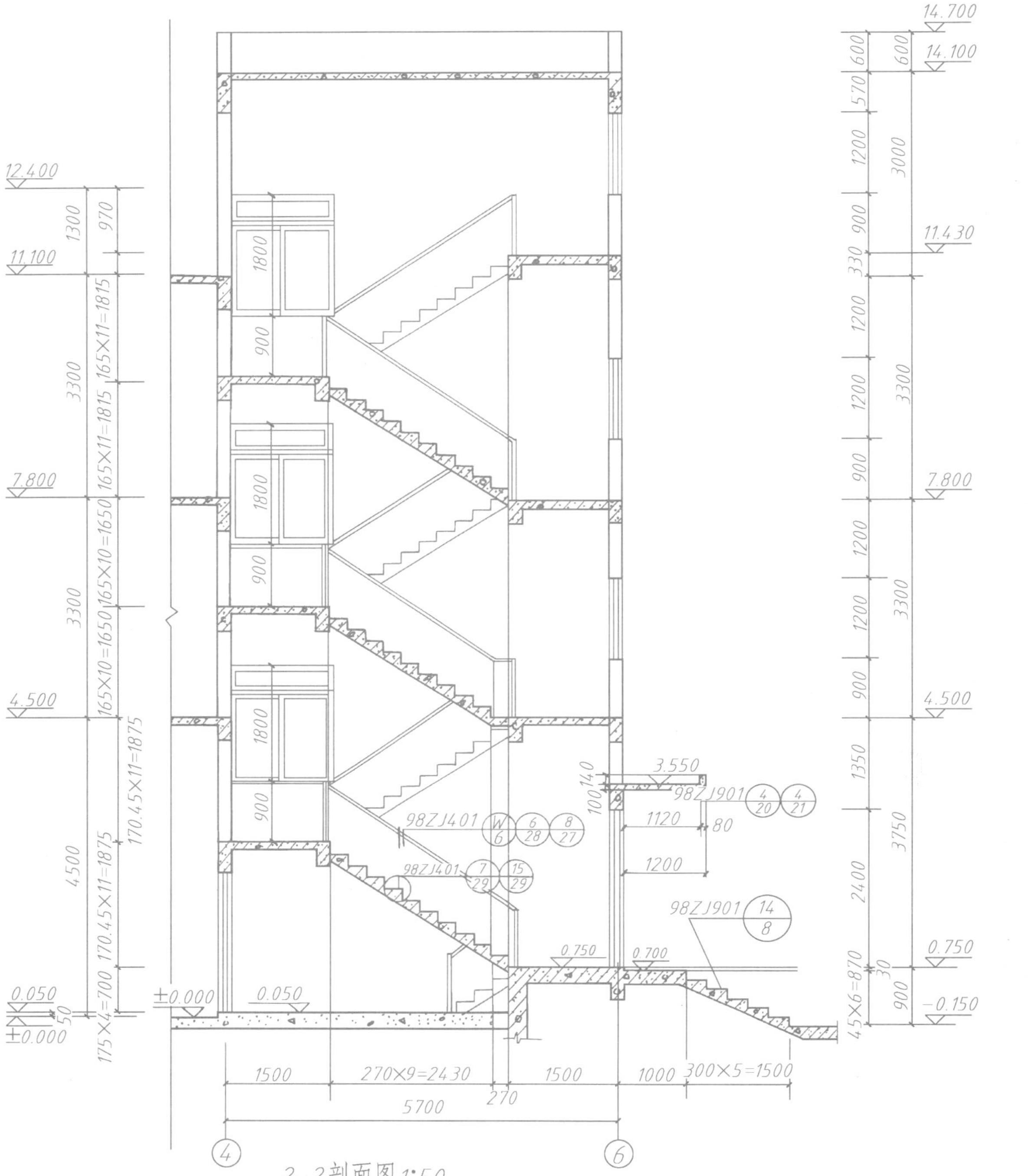

6-5 建筑施工图——2—2剖面图

2-2剖面图 1:50

作业要求
1. 各层楼梯为多少级？踏步高度为多少？
2. 各层楼梯平台标高为多少？
3. 各层楼梯平台与楼梯段连接处的构造一样吗？ 画图进行比较。
4. 楼梯净空高度为多少？

班级　　姓名

55

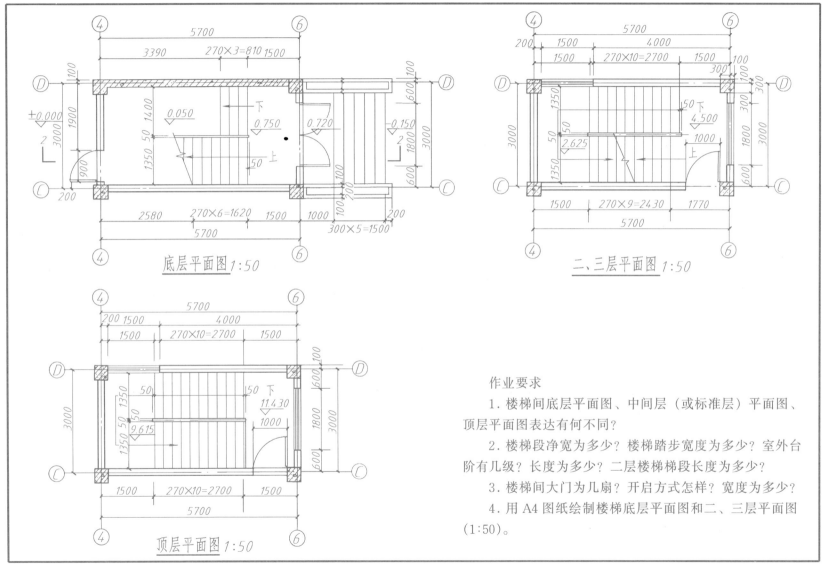

底层平面图 1:50

二、三层平面图 1:50

顶层平面图 1:50

作业要求

1. 楼梯间底层平面图、中间层（或标准层）平面图、顶层平面图表达有何不同？

2. 楼梯段净宽为多少？楼梯踏步宽度为多少？室外台阶有几级？长度为多少？二层楼梯梯段长度为多少？

3. 楼梯间大门为几扇？开启方式怎样？宽度为多少？

4. 用A4图纸绘制楼梯底层平面图和二、三层平面图（1:50）。

班级　　　　姓名

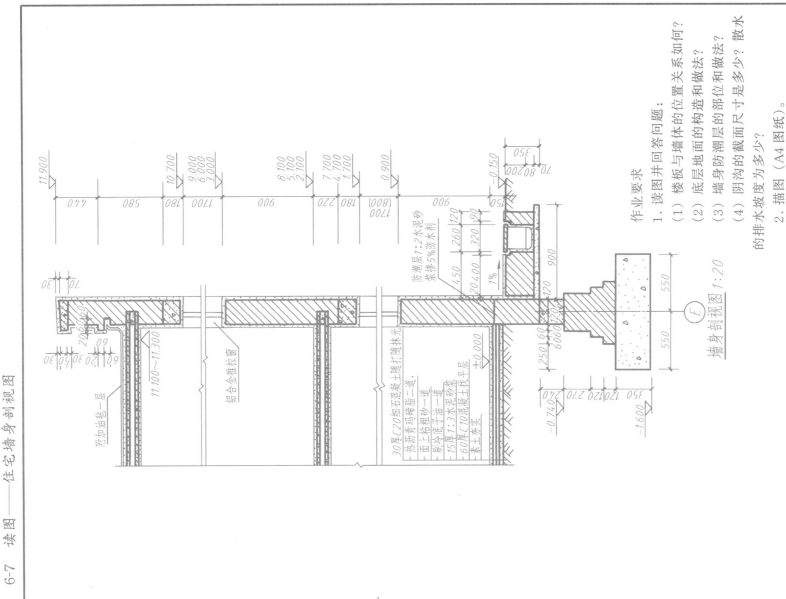

6-7 读图——住宅墙身剖视图

作业要求

1. 读图并回答问题：
   （1）楼板与墙体的位置关系如何？
   （2）底层地面的构造和做法？
   （3）墙身防潮层的部位和做法？
   （4）阴沟的截面尺寸是多少？散水
   　　的排水坡度为多少？
2. 描图（A4图纸）。

班级　　　姓名

墙身剖视图 1:20

防潮层1:2水泥砂
浆掺5%防水剂

30厚C20细石混凝土随打随抹光
热沥青玛瑞脂二道
面上粘粗砂一道
刷冷底子油一道
15厚1:3水泥砂浆
60厚C10混凝土找平层
素土夯实

铝合金推拉窗

附加油毡一层

第七章 结构施工图

7-1 结构施工图——基础平面图

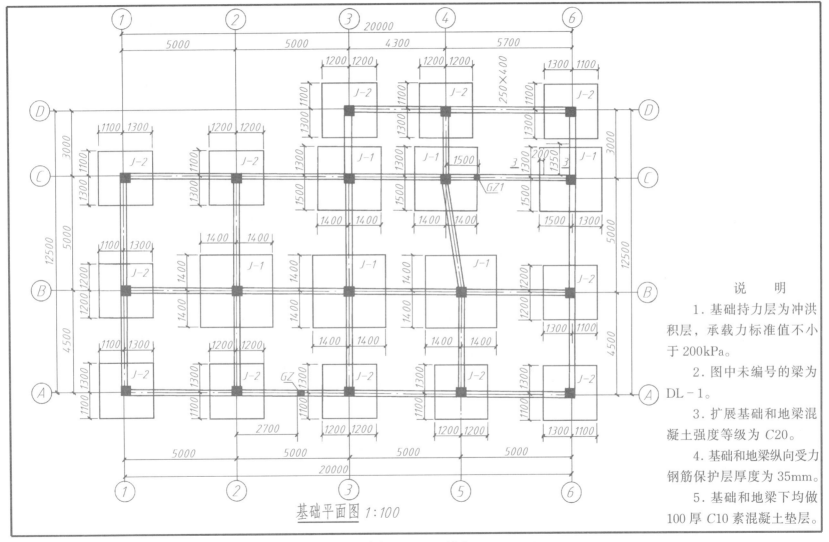

基础平面图 1:100

说　明

1. 基础持力层为冲洪积层，承载力标准值不小于 200kPa。

2. 图中未编号的梁为 DL-1。

3. 扩展基础和地梁混凝土强度等级为 C20。

4. 基础和地梁纵向受力钢筋保护层厚度为 35mm。

5. 基础和地梁下均做 100 厚 C10 素混凝土垫层。

班级　　姓名

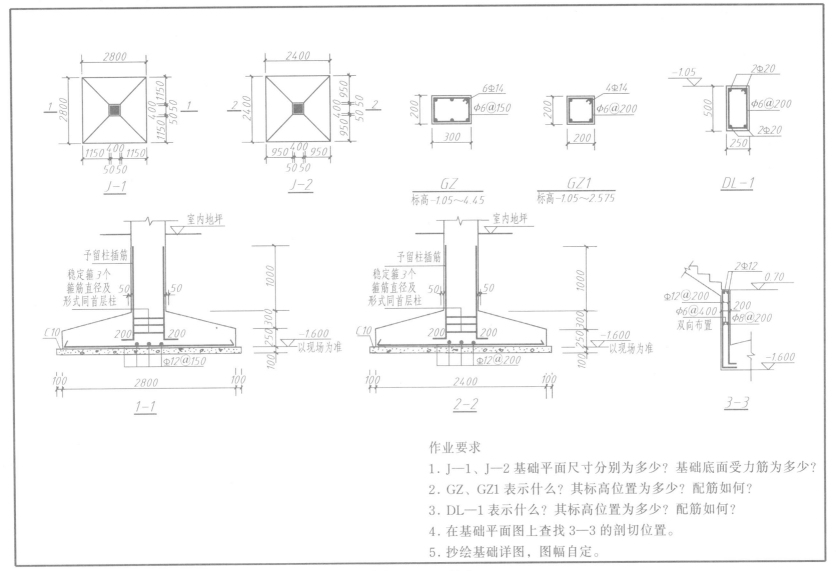

J—1

J—2

GZ
标高-1.05～4.45

GZ1
标高-1.05～2.575

DL—1

1—1

2—2

3—3

作业要求

1. J—1、J—2 基础平面尺寸分别为多少？基础底面受力筋为多少？

2. GZ、GZ1 表示什么？其标高位置为多少？配筋如何？

3. DL—1 表示什么？其标高位置为多少？配筋如何？

4. 在基础平面图上查找 3—3 的剖切位置。

5. 抄绘基础详图，图幅自定。

班级　　　姓名

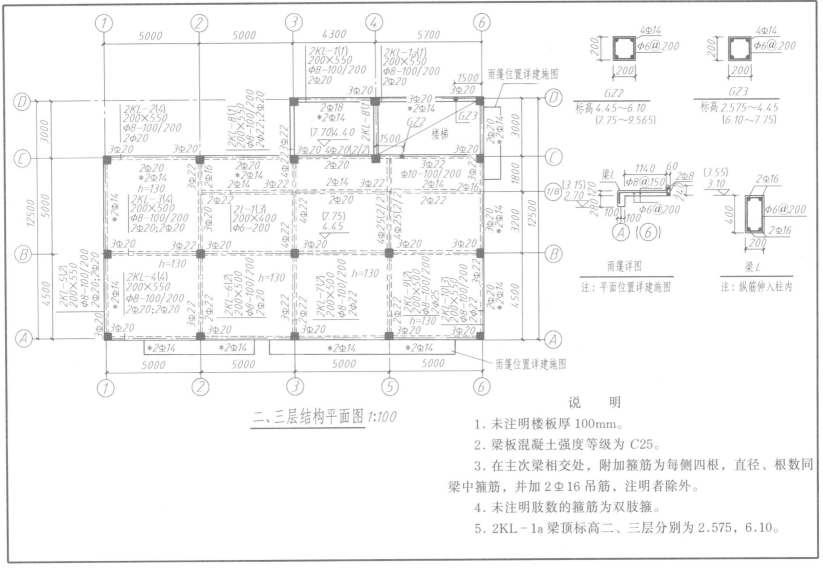

二、三层结构平面图 1:100

说　明

1. 未注明楼板厚100mm。

2. 梁板混凝土强度等级为C25。

3. 在主次梁相交处，附加箍筋为每侧四根，直径、根数同梁中箍筋，并加2Φ16吊筋，注明者除外。

4. 未注明肢数的箍筋为双肢箍。

5. 2KL-1a梁顶标高二、三层分别为2.575，6.10。

班级　　　　姓名

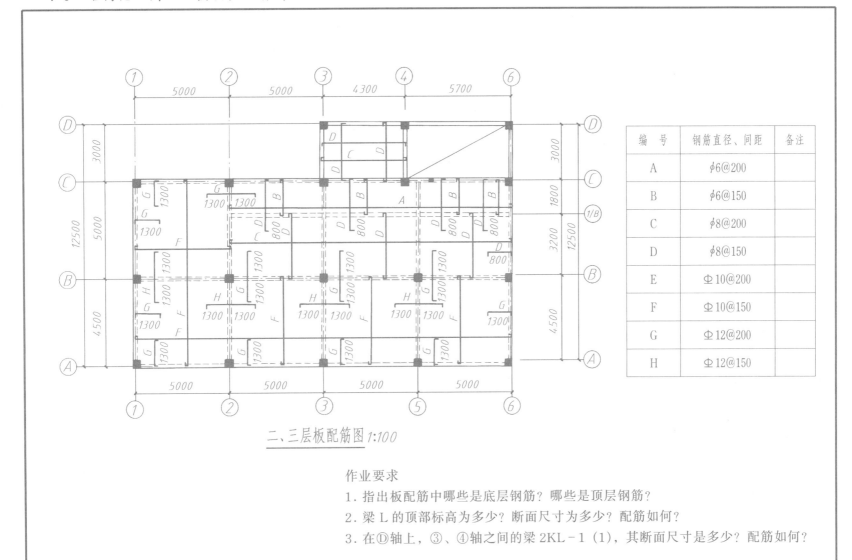

二、三层板配筋图 1:100

编　号	钢筋直径、间距	备注
A	φ6@200	
B	φ6@150	
C	φ8@200	
D	φ8@150	
E	Φ10@200	
F	Φ10@150	
G	Φ12@200	
H	Φ12@150	

作业要求

1. 指出板配筋中哪些是底层钢筋？哪些是顶层钢筋？

2. 梁 L 的顶部标高为多少？断面尺寸为多少？配筋如何？

3. 在①轴上，③、④轴之间的梁 2KL-1 (1)，其断面尺寸是多少？配筋如何？

班级　　　　姓名

7-5 读图——求剖面、断面

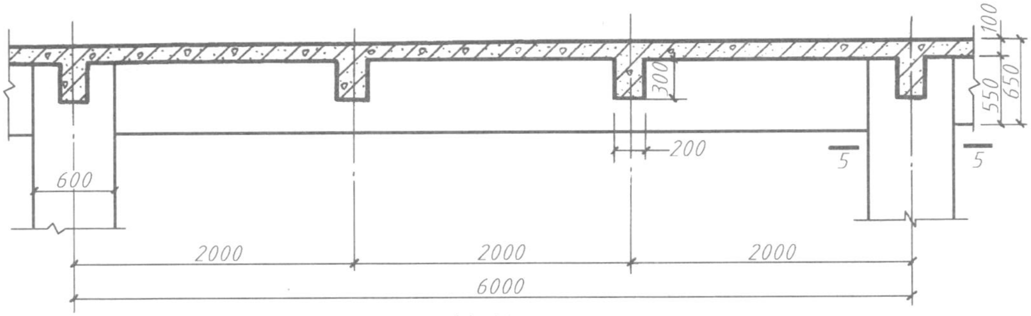

1-1剖面 1:50

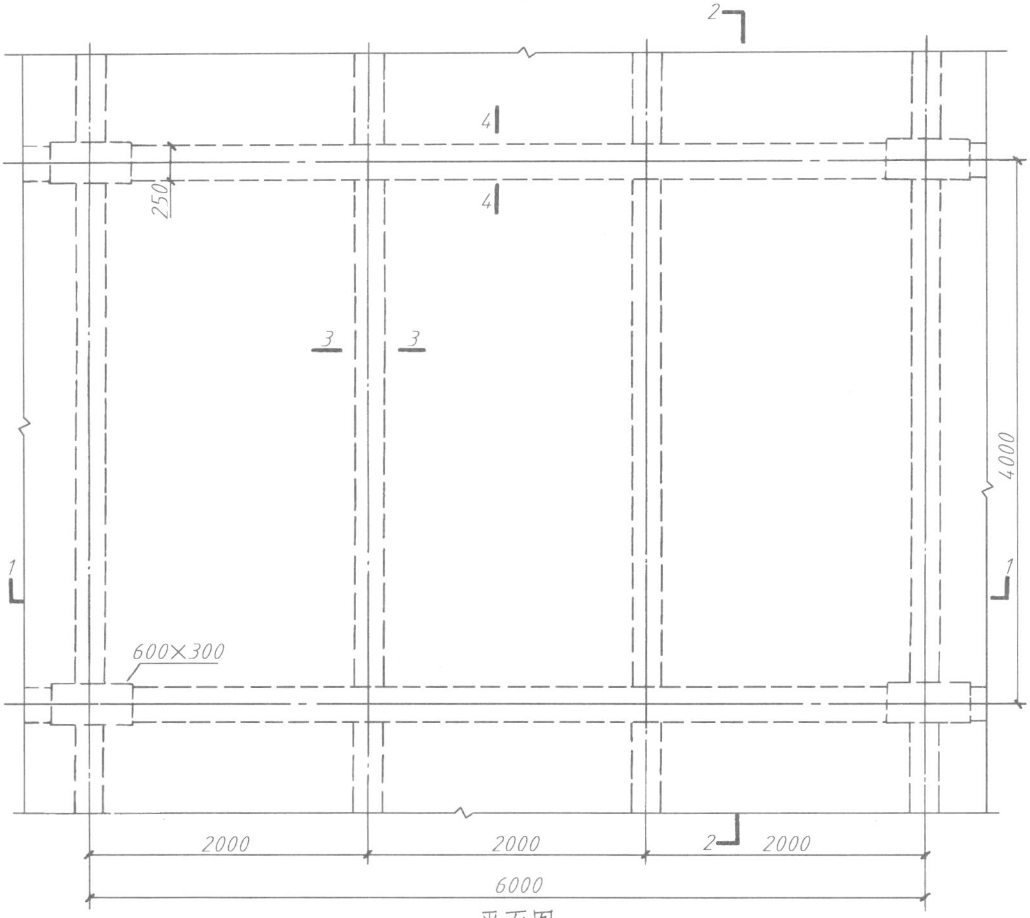

平面图

作业要求
求作2—2剖面图和3—3、4—4、5—5断面图。

班级　　姓名

62

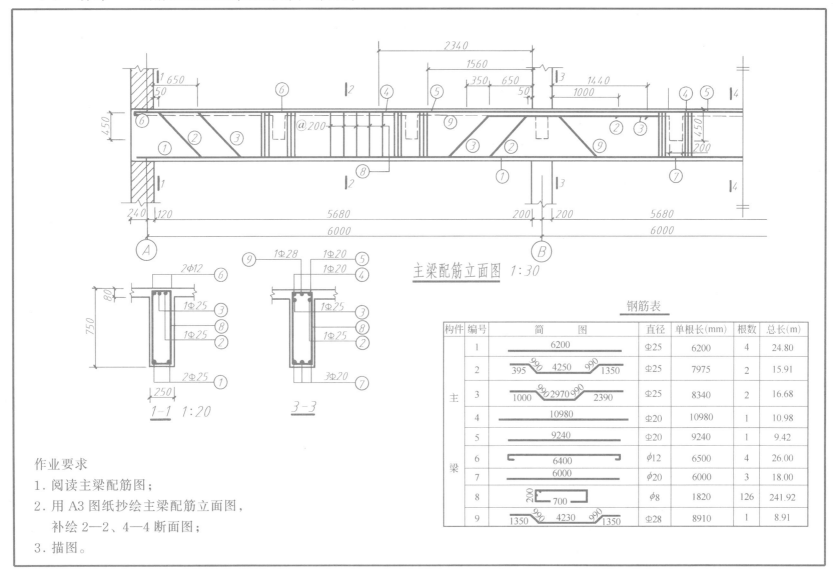

主梁配筋立面图 1:30

1-1 1:20

3-3

钢筋表

构件	编号	简 图	直径	单根长(mm)	根数	总长(m)
主 梁	1	6200	Φ25	6200	4	24.80
	2	395 990 4250 990 1350	Φ25	7975	2	15.91
	3	1000 990 2970 990 2390	Φ25	8340	2	16.68
	4	10980	Φ20	10980	1	10.98
	5	9240	Φ20	9240	1	9.42
	6	6400	φ12	6500	4	26.00
	7	6000	φ20	6000	3	18.00
	8	200 700	φ8	1820	126	241.92
	9	1350 990 4230 990 1350	Φ28	8910	1	8.91

作业要求

1. 阅读主梁配筋图；

2. 用A3图纸抄绘主梁配筋立面图，
   补绘2—2、4—4断面图；

3. 描图。

班级　　　姓名

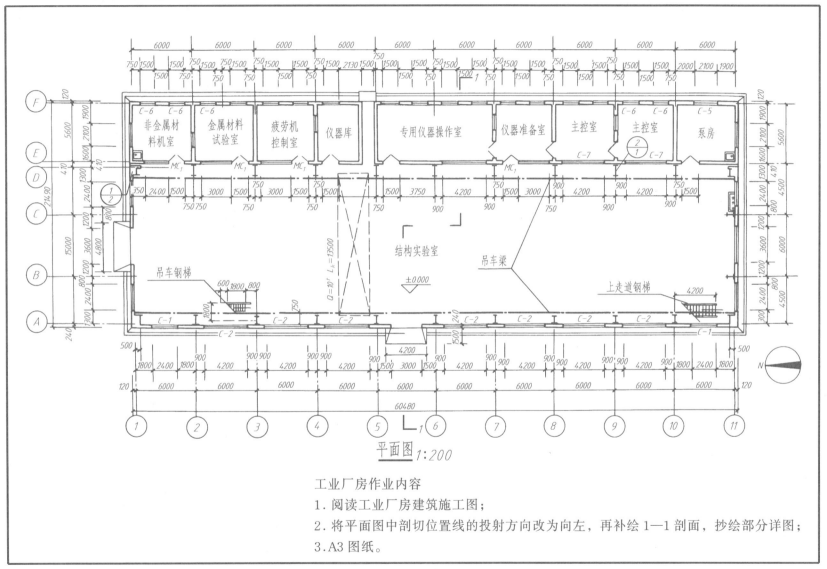

平面图 1:200

工业厂房作业内容

1.阅读工业厂房建筑施工图；

2.将平面图中剖切位置线的投射方向改为向左，再补绘1—1剖面，抄绘部分详图；

3.A3图纸。

班级　　　　姓名

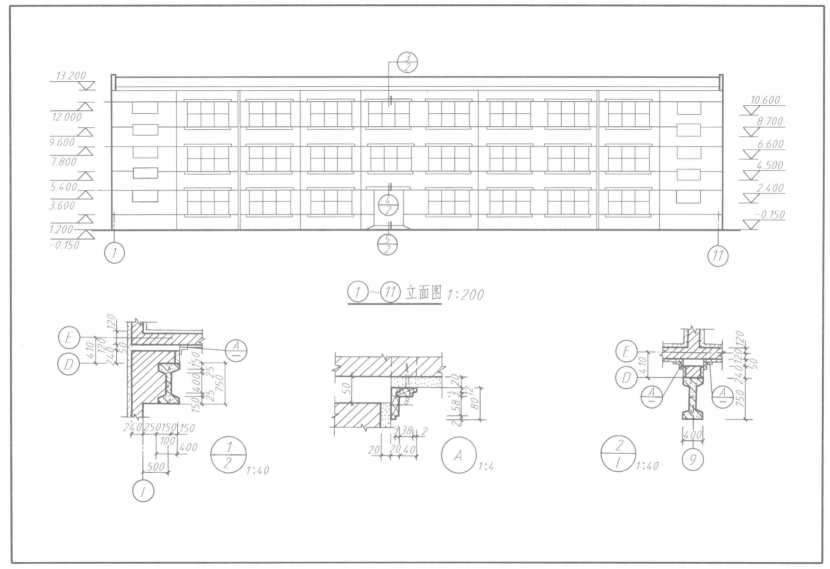

①～⑪立面图 1:200

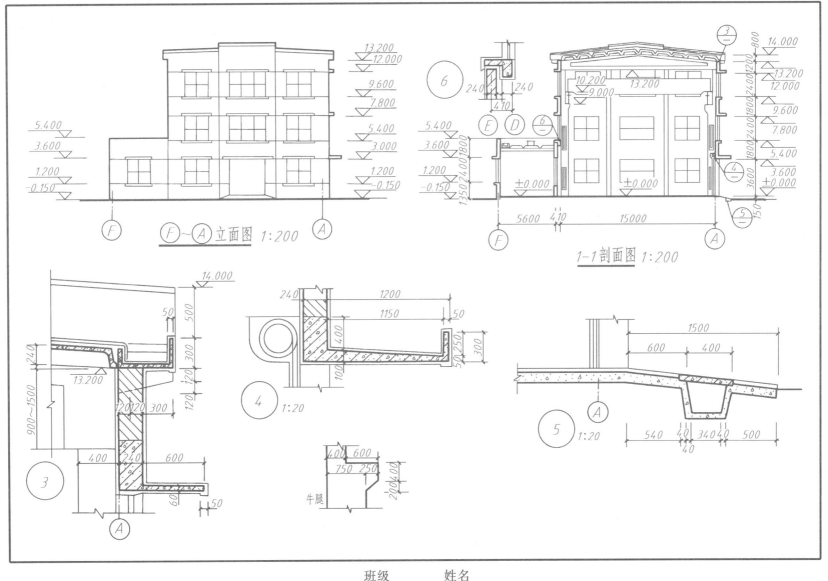

F~A 立面图 1:200

1-1 剖面图 1:200

牛腿

班级   姓名

第八章　设备施工图

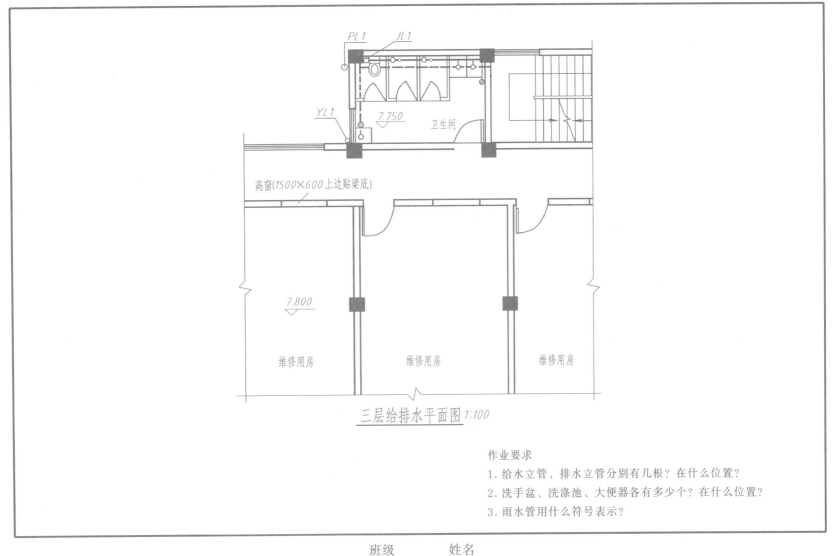

三层给排水平面图 1:100

作业要求

1. 给水立管、排水立管分别有几根？在什么位置？

2. 洗手盆、洗涤池、大便器各有多少个？在什么位置？

3. 雨水管用什么符号表示？

班级　　　　姓名

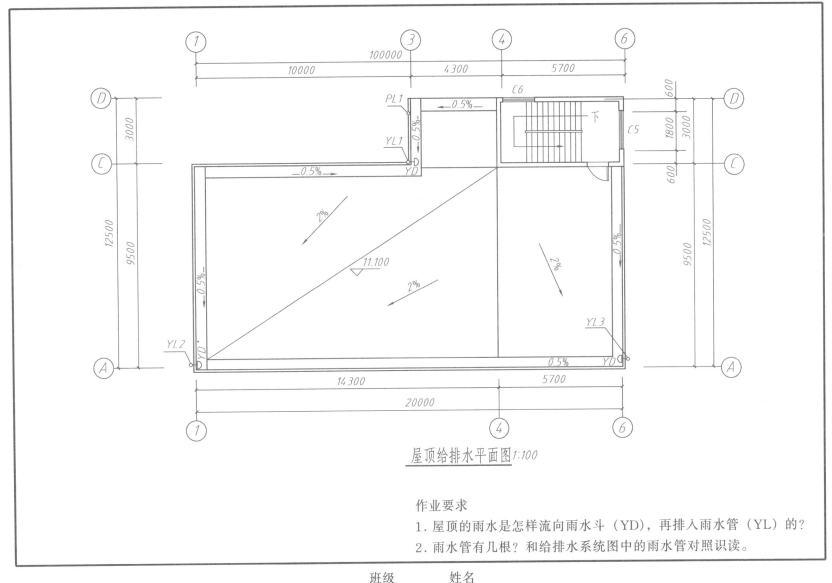

屋顶给排水平面图 1:100

作业要求

1. 屋顶的雨水是怎样流向雨水斗（YD），再排入雨水管（YL）的？

2. 雨水管有几根？和给排水系统图中的雨水管对照识读。

班级　　　姓名

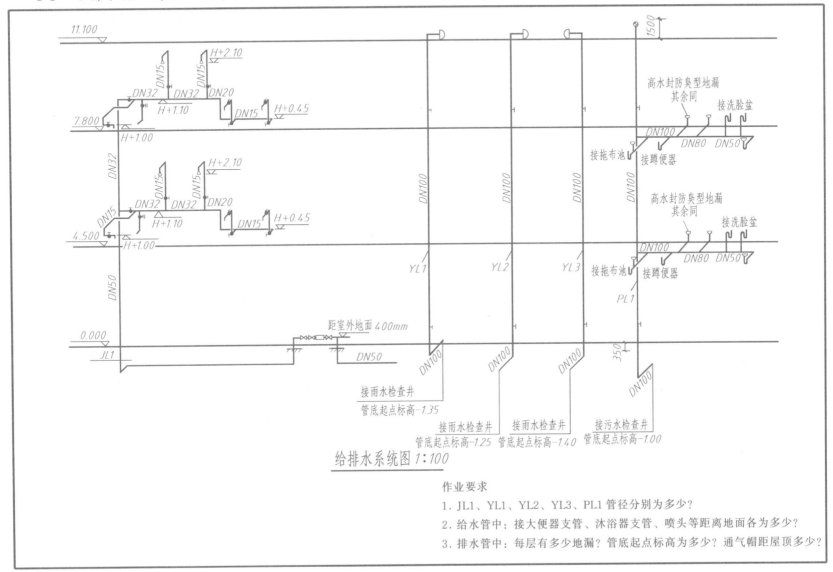

给排水系统图 1:100

作业要求

1. JL1、YL1、YL2、YL3、PL1 管径分别为多少?

2. 给水管中:接大便器支管、沐浴器支管、喷头等距离地面各为多少?

3. 排水管中:每层有多少地漏?管底起点标高为多少?通气帽距屋顶多少?

班级　　　　姓名

第九章　机械图样的识读

9-1　根据给定的俯视图选择正确的主视图（画√）

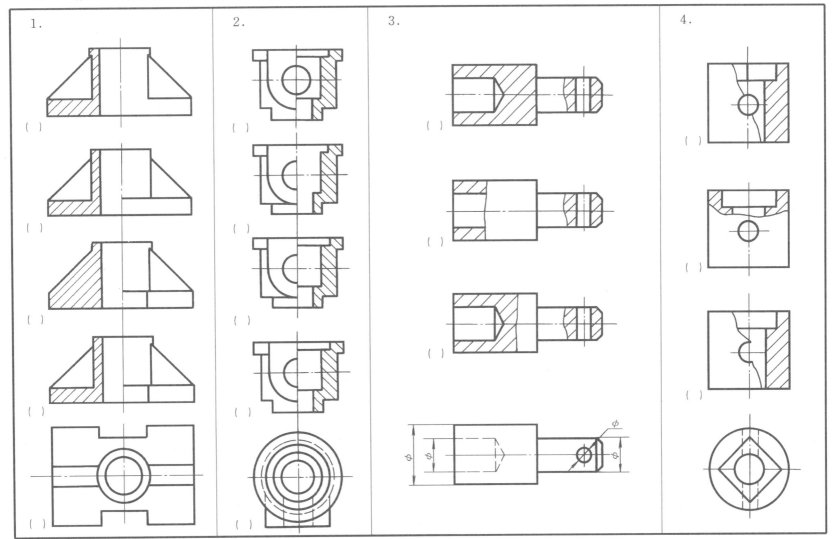

9-2 选择题1正确的主视图；选择题2正确的断面图（画√），标注剖切位置及剖视图名称；作题3A—A断面图和 B—B 剖视图。

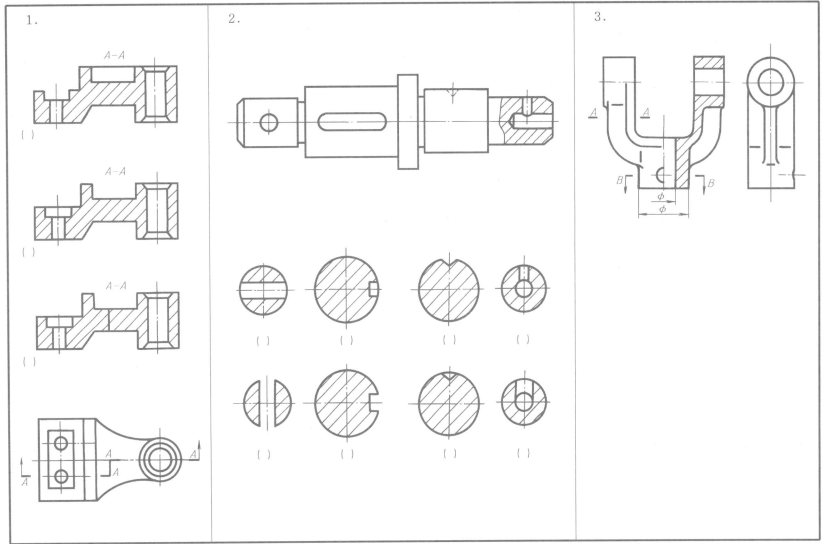

9-3 画出下列螺纹并标注螺纹的规定代号

1. 粗牙普通螺纹, 大径 20mm, 螺距 2.5mm, 螺纹长度为 25mm, 右旋

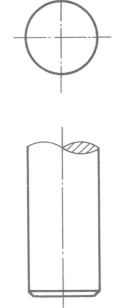

2. 粗牙普通螺纹, 大径 12mm, 螺距 1.75mm, 螺纹深度为 22mm

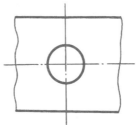

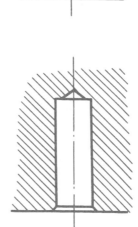

3. 非螺纹密封的圆柱管螺纹, 代号 $\frac{1}{2}$, 试在图上注出螺纹代号

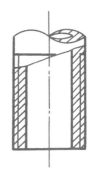

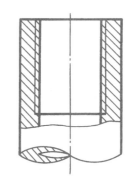

班级　　　姓名

9-4 用简化画法画出螺栓装配图

螺栓 M20×90　GB/T 5782—2000
螺母 M20　　　GB/T 6170—2000
垫圈 20　　　　GB/T 97.1—1985

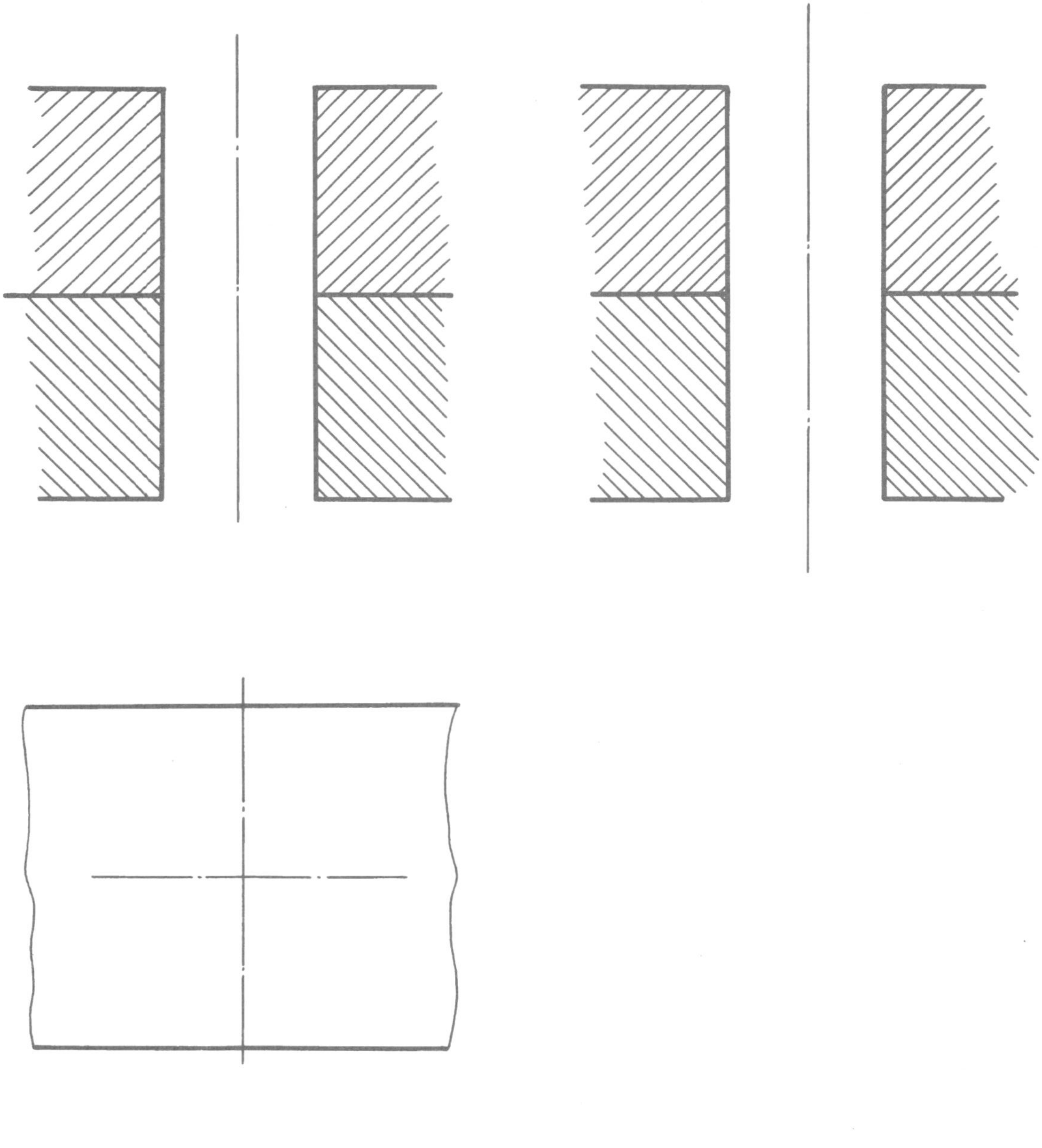

班级　　姓名

9-5　对照教材第九章图 9-14（a）千斤顶轴测图，读懂教材中图 9-14（b）千斤顶
装配图，参考教材图 9-15 和图 9-17，选用 1:1 抄绘千斤顶装配图

班级　　姓名

9-6 读齿轮轴零件图，补画轮齿部分的局部剖视图

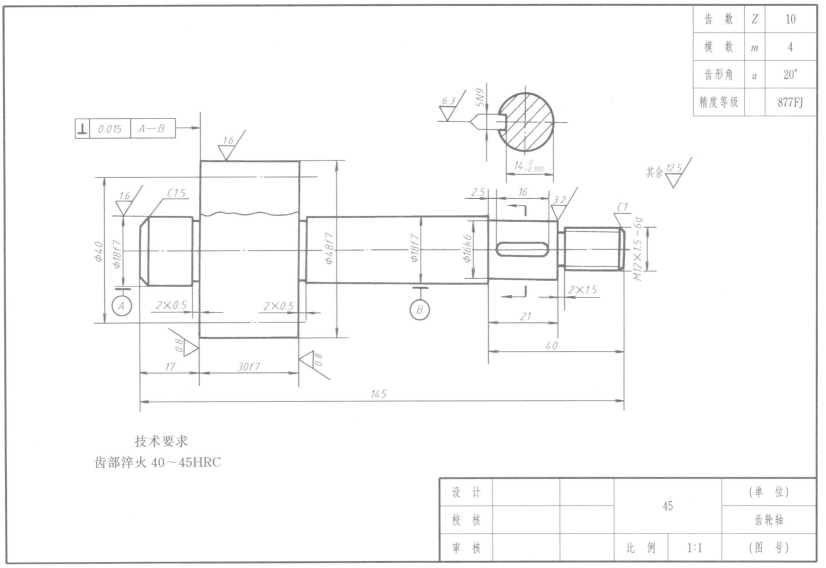

齿 数	Z	10
模 数	m	4
齿形角	α	20°
精度等级		877FJ

技术要求

齿部淬火 40～45HRC

设 计			45	(单 位)
校 核				齿轮轴
审 核			比 例 1:1	(图 号)

班级   姓名

一、读齿轮轴零件图回答下列问题：

1. 用符号▲指出径向与轴向尺寸基准。

2. 齿轮轴选用的材料是_____，模数是_____，零件图选用的比例是_____。

3. 齿轮轴零件图共有_____个图形，分别采用的表达方法是_____和_____。

4. $\phi48f7$ 是齿轮轴轮齿部分_____的直径尺寸，48 为_____尺寸，f7 为_____。

5. 尺寸 $14_{-0.100}^{0}$ 最大可加工成_____，最小可加工成_____，公差为_____。

6. 轮齿部分左右端面的表面粗糙度 Ra 的上限值为_____μm。齿轮轴零件图中有_____处尺寸注有极限偏差数值。

7. 移出断面中所示键槽的宽度为_____，定位尺寸为_____。

二、读机用虎钳装配图回答下列问题：

1. 本部件名称是_____，共有_____种零件组成，其中标准件有_____种。

2. 活动钳身 4 与螺母块 9 由件号_____连接，螺杆 8 与螺母块 4 的连接方式是_____连接，当旋转螺杆 8 时，使件号_____带动件号_____作水平方向左右移动，夹紧工件进行切削加工。

3. 机用虎钳共有_____个图形表达其装配关系和大概形状，主视图采用_____剖视，俯视图采用_____剖视，左视图采用_____剖视。

4. 机用虎钳支持工件厚度的最大范围是_____，机用虎钳安装到机床台面上的安装尺寸是_____，虎钳总的长度是_____，高度是_____。

5. 主视图中，$\phi18\dfrac{H8}{f9}$ 是件号_____和件号_____之间的配合尺寸，左视图中 $\phi82\dfrac{H8}{f7}$ 是件号_____和件号_____的配合尺寸。

三、读固定钳座零件图回答下列问题：

1. 固定钳座零件采用材料_____，零件图采用比例_____，共采用_____个视图，其中主视图、左视图、俯视图分别采用的表达方法依次为_____，_____，_____。

2. 用符号▲指出固定钳座零件图长、宽、高方向的主要基准。

3. 俯视图中的中间闭合线框为一空腔，其长度方向尺寸为_____，宽度方向尺寸分别为_____，_____。

4. 固定钳座零件图有_____处尺寸有极限偏差数值，说明它们与其他零件有_____关系，固定钳座表面粗糙度要求最高为 Ra 的上限值_____μm。

5. 尺寸 $82_{-0.071}^{-0.036}$ 中，最大极限尺寸为_____，最小极限尺寸为_____，公差为_____。

6. 两个螺纹孔的代号是_____，间距是_____mm，有效螺纹长度是_____mm。

7. 固定钳座的总体尺寸为：长_____，宽_____，高_____。

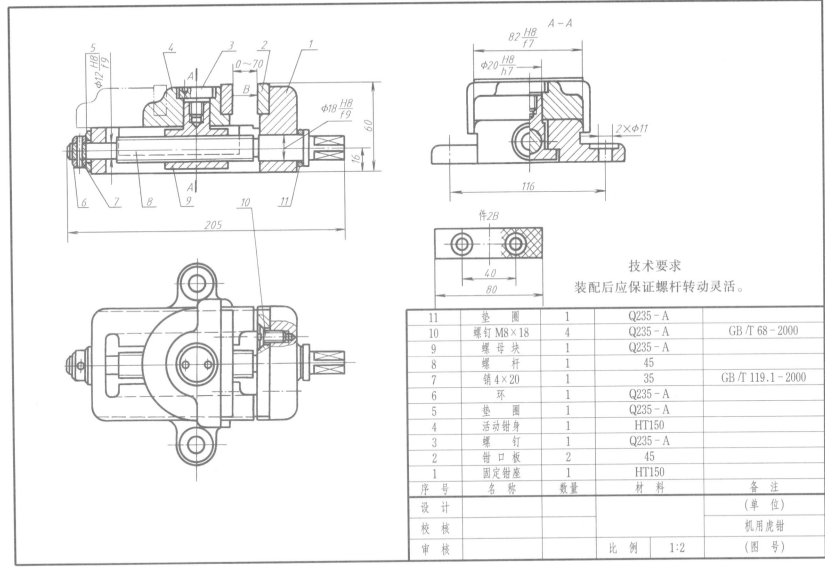

技术要求
装配后应保证螺杆转动灵活。

11	垫　圈	1	Q235 - A	
10	螺钉 M8×18	4	Q235 - A	GB /T 68 - 2000
9	螺母块	1	Q235 - A	
8	螺杆	1	45	
7	销 4×20	1	35	GB /T 119.1 - 2000
6	环	1	Q235 - A	
5	垫　圈	1	Q235 - A	
4	活动钳身	1	HT150	
3	螺　钉	1	Q235 - A	
2	钳口板	2	45	
1	固定钳座	1	HT150	
序　号	名　称	数量	材　料	备　注
设　计				(单　位)
校　核				机用虎钳
审　核		比　例	1:2	(图　号)

班级　　　姓名

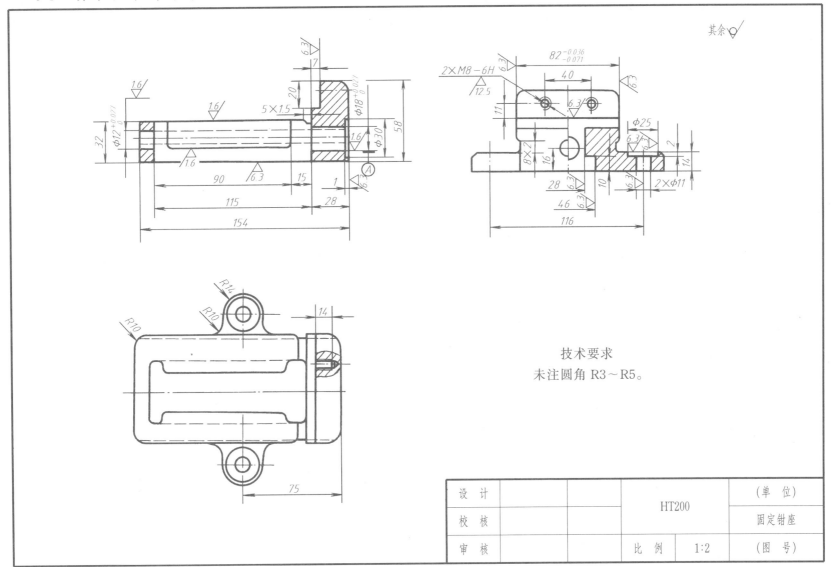

其余 ∜

技术要求
未注圆角 R3～R5。

设 计			HT200	（单 位）
校 核				固定钳座
审 核			比 例	1:2	（图 号）

班级   姓名

内 容 提 要

本习题集与钱可强主编的《建筑制图》教材配套使用。本书由钱可强，危道军，马然芝编。内容体系和编排与教材保持一致，合理安排复习题、思考题和提高题的题量，便于教师选用。

本习题集注重加强读图练习、徒手绘图的练习以及计算机绘图的训练。

本习题集可供高职高专院校土建类专业作为教材。也可供成教、电大相关专业选用，或作为职业培训教材。